ライブラリ情報学コア・テキスト＝13

モデルの記述と検証のための
プログラミング入門
―CafeOBJによる仕様検証―

二木厚吉　著

サイエンス社

「ライブラリ情報学コア・テキスト」によせて

　コンピュータの発達は，テクノロジ全般を根底から変え，社会を変え，人間の思考や行動までをも変えようとしている．これらの大きな変革を推し進めてきたものが，情報技術であり，新しく生み出され流通する膨大な情報である．変革を推し進めてきた情報技術や流通する情報それ自体も，常に変貌を遂げながら進展してきた．このように大きな変革が進む時代にあって，情報系の教科書では，情報学の核となる息の長い概念や原理は何かについて，常に検討を加えることが求められる．このような視点から，このたび，これからの情報化社会を生きていく上で大きな力となるような素養を培い，新しい情報化社会を支える人材を広く育成する教科書のライブラリを企画することとした．

　このライブラリでは，現在第一線で活躍している研究者が，コアとなる題材を厳選し，学ぶ側の立場にたって執筆している．特に，必ずしも標準的なシラバスが確定していない最新の分野については，こうあるべきという内容を世に問うつもりで執筆している．

　全巻を通して，「学びやすく，しかも，教えやすい」教科書となるように努めた．特に，分かりやすい教科書となるように以下のようなことに注意して執筆している．

- テーマを厳選し，メリハリをつけた構成にする．
- なぜそれが重要か，なぜそれがいえるかについて，議論の本筋を省略しないで説明する．
- 可能な限り，図や例題を多く用い，教室で講義を進めるように議論を展開し，初めての読者にも感覚的に捉えてもらえるように努める．

　現代の情報系分野をカバーするこのライブラリで情報化社会を生きる力をつけていただきたい．

2007 年 11 月

編者　丸岡　章

まえがき

　広義のプログラミングは，サービスやシステムをコンピュータやネットワークで実現するための色々な活動を総称的に意味する．狭義には，広義のプログラミングの最終段階（下流工程）で，コンピュータが実行できるプログラミング言語でサービスやシステムの実現法を記述する活動を意味する．たんにプログラミングといえば狭義のプログラミングを意味することが多い．

　形式仕様の作成と検証は，広義のプログラミングの上流工程において，サービスやシステムのモデルをコンピュータ上に作成し，それらの妥当性や有効性を分析し検証する活動である．この意味で，仕様（モデルの記述）の作成と検証は，モデルの記述と検証を目的としたプログラミングである．

　本書は形式仕様の作成と検証への入門書である．形式仕様はモデルの数学的言語による記述であり，その検証はモデルが望みの性質を持つことを証明することである．

　今日の社会がネットワークで繋がれたコンピュータ群からなる情報基盤の上に成立している事実が示す通り，コンピュータは実世界で我々の諸活動を支える様々なサービスやシステムを実現してきた．この傾向はさらに加速され，今後も新サービスや新システムが陸続と実現されることが予想される．

　社会基盤を構成するサービスやシステムは，電子商取引プロトコルや車載ソフトウェアなどのように，実現する前にその信頼性や安全性などの性質を分析し検証することが必要であり，モデルの記述と検証のためのプログラミングの重要性はますます増大している．

　モデルの記述と検証のためのプログラミングには以下の特徴がある．
- プログラミングの結果として作成されるのはサービスを提供するシステムそのものではなくそのモデルの記述つまり仕様である．
- 仕様を作成する目的はそれが記述するモデルの性質の解析や検証である．

　本書では，こうした特徴を持つモデルの記述と検証手法としてのプログラミングを，以下の理由から，CafeOBJ（カフェオービージェイ）言語システムを使って学習する．

CafeOBJ 言語システムでは，
(1) 等式によりシステムのモデルが演算の集合として簡潔に記述でき，
(2) 等式論理に基づく証明スコアにより仕様の解析や検証を見通しよく行え，
(3) 有効なモデル化を可能とする抽象データ型と抽象プロセス型が自然に記述でき，
(4) 透明性の高い仕様の作成に有効な強力なモジュール化構文が使え，
(5) フリーの処理系が簡単に手に入る．

以上から，本書の「仕様検証入門」は「CafeOBJ によるモデルの記述と検証入門」を意味する．さらに，CafeOBJ ではシステムのモデルを等式の集合として記述するので，本書は「モデルの記述と検証のための等式プログラミング」への入門書でもある．等式は望みの機能を持つ演算（すなわち関数）を定義するので，等式プログラミングは関数プログラミング[1]でもある．

プログラミングの学習には，言語システム上でコードを作成・実行し，その結果を観測・分析しコードを改訂する，という対話的なプロセスが不可欠である．本書では，CafeOBJ 言語システムを使って幾つかの典型的な例題を実際に作り上げることを通して，モデルの記述と検証手法としてのプログラミングを実践的に学習することを目標にする．

CafeOBJ 言語システムが本書の著者が主宰する研究グループにより研究開発されてきたという事実は，本書で CafeOBJ を採用した大きな理由である．しかし，モデルの記述と検証のためのプログラミングを実践的に学習するために CafeOBJ 言語システムが最適であるという判断は，現状で入手可能なプログラミングやシステム検証のための言語システムをすべて考慮しても，客観的で妥当な判断であると考えている．

2017 年 9 月

二木厚吉

---

[1] CafeOBJ の等式プログラミングは，関数を引数とする高階関数がパラメータ化モジュールで実現されるなど，SML や Haskell の関数プログラミングと異なる点も多い．

本書の学習法

　本書の目標は読者が仕様と証明スコアを理解し作成できるようになることである．そのために本書では仕様と証明スコア（CafeOBJ コード）の説明に多くの紙数を割きコードの細部に関する記述も多い．コードは細部に囚われると理解が難しい．難しいと感じたとき，読者は，関連する概念の説明に立ち戻り，類似のコードと比較対照しつつ，学習を進めて欲しい．そのために，参照すべき他の節（1.1, 2.3 など），項（1.1.2, 2.2.1 など），コードを本文中に示すだけでなく，索引も充実させた．索引を積極的に利用して，関連する概念，記号，コードを効果的に参照して欲しい．

　項には背景理論や CafeOBJ 言語の詳細が含まれることがある．難しいと感じたら細部を読み飛ばし，必要に応じて読み直して欲しい．

　本書に示した仕様と証明スコア，練習問題の解答，本書で説明したが示せなかった仕様と証明スコアの CafeOBJ コードはすべて本書のウェッブページに掲載され，読者が自由に利用できる．これらのコードを実行しその結果が期待通りであることを理解することなしに，本書で説明した仕様と証明スコアを理解し自分自身の問題の仕様と証明スコアを作成することは困難であろう．ウェッブページに掲載されたコードをたんにそのまま実行するだけでなく，自分なりに改変し実行するなどの工夫をすることで理解を確実にして学習を進めて欲しい．

索　引

　索引は，数学記号，CafeOBJ 記号，英文，和文の順に構成され，英文と和文は一対一に対応する．

CafeOBJ コード

　仕様と証明スコアの CafeOBJ コードは以下のウェッブページから自由にダウンロードして利用できる．

```
https://cafeobj.org/iprog/
```

CafeOBJ 処理系の入手方法，CafeOBJ コードの実行方法などもこのウェッブページで説明する．

目　　次

第1章　まずはじめよう！　　1

- 1.1 すでにある演算を使う 2
  - 1.1.1 CafeOBJ のセッションとプロンプト 4
  - 1.1.2 計算 ＝ 簡約 4
- 1.2 演算を合成する 5
  - 1.2.1 CafeOBJ の式とソート 6
  - 1.2.2 演算記号の優先順位と左右結合 9
- 1.3 式に名前を付ける 12
  - 1.3.1 CafeOBJ コードとファイル 14
- 1.4 演算を定義する 14
  - 1.4.1 簡約のトレース 16
- 1.5 データ構造を定義する 18
  - 1.5.1 記号テストと証明スコア 21
- 1.6 さらにデータ構造を定義する 22
  - 1.6.1 条件を判定する 23
  - 1.6.2 簡約形の定義 26
  - 1.6.3 停止性/合流性と red 命令 28
- 1.7 モジュールを定義する 30
  - 1.7.1 CafeOBJ の構文とキーワード 32
  - 1.7.2 日本語の名前 32
- 1.8 組込みモジュール BOOL 33
  - 1.8.1 ブール式の関数等価性，恒真性，充足可能性 38

第 2 章　ペアノ自然数と証明スコア法　　43

- 2.1 ペアノ自然数の CafeOBJ 仕様 44
  - 2.1.1 モジュールのモデル 45
- 2.2 ペアノ自然数の等価性判定 46
  - 2.2.1 $(e =_M e')$ と $((e=e') =_M \text{true})$ 49
  - 2.2.2 2つの等価性判定述語 _=_ と _==_ 51
- 2.3 ペアノ自然数の加算 52
- 2.4 加算の右 0 の証明 53
- 2.5 加算の右 s_ の証明 56
- 2.6 加算の可換則の証明 59
  - 2.6.1 未使用定数を含む式の簡約 61
- 2.7 加算の結合則の証明 63
  - 2.7.1 ペアノ自然数の帰納スキーマ 64
- 2.8 ペアノ自然数の乗算 65
- 2.9 乗算の右 0 と右 s_ の証明 67
- 2.10 乗算の可換則の証明 68
- 2.11 階乗演算の等価性の証明 70
  - 2.11.1 停止性，合流性，十分完全性の判定 72

第 3 章　リストとパラメータ化モジュール　　79

- 3.1 パラメータ化モジュールによるリストの定義 80
- 3.2 パラメータ化モジュール LIST の具体化 81
- 3.3 リストの等価性の定義 84
- 3.4 パラメータ化モジュール LIST= の具体化 86
  - 3.4.1 ビュー推論 88
  - 3.4.2 式による演算の定義 89
  - 3.4.3 モジュール式 91
  - 3.4.4 モジュール式の例：ペアのペアのペア 94
- 3.5 リストの連接 96
- 3.6 連接の右 nil の証明 97

3.7 リストの反転 98
3.8 反転の逆分配則の証明 100

第4章　列，集合と仕様計算　　103

4.1 列の定義 104
4.2 列の反転 108
4.3 列の等価性 112
4.4 多重集合の定義 114
4.5 集合の定義 116
4.6 集合の和と積 118
4.7 メンバー述語の積集合への分配則の証明 119
4.8 場合分けと仕様計算 124
4.9 仕様計算命令：:goal, :apply, :red, :def, :csp 126
4.10 仕様計算命令：:show, :desc 128
4.11 仕様計算命令：:apply(<*proofRuleSeq*>) 130
　　4.11.1 CITP による帰納法の支援 131
4.12 証明スコアのモジュール化 132
4.13 積集合演算の結合則の証明 134
4.14 積集合演算の可換則と冪等則の証明 135
4.15 集合の等価性 138

第5章　遷移システムの仕様と検証　　141

5.1 相互排除プロトコル QLOCK 142
5.2 QLOCK システムの仕様 143
5.3 検索述語によるシミュレーション 146
5.4 検索述語による反例発見 150
5.5 遷移システムの不変特性と帰納不変特性 152
5.6 初期状態条件の証明スコア 154
5.7 検索述語による遷移の検索 156
5.8 帰納不変条件の証明スコア 159

5.8.1 未使用定数の詳細化	163
5.8.2 `binspect` と `bshow`	164
5.9 遷移システムの到達特性	166
5.10 帰納到達条件の証明スコア	170
5.10.1 補題モジュール `DAQ-lm`	175
5.11 継続到達条件の証明スコア	177
5.11.1 補題モジュール `STATE-lm`	179

文献案内 — 182

あとがき — 184

索 引 — 186

第1章

まずはじめよう！

　演算（operator）は入力から出力を作り出す機能を持つ．**等式プ
ログラミング**（equational programming）の目的は望みの機能
を持つ演算を作成することである．この章では，**CafeOBJ** システム
（**CafeOBJ** system）を使って簡単な演算を作成しつつ，CafeOBJ
の等式プログラミングの基本を学ぶ．

1.1 すでにある演算を使う

望みの機能を持つ演算がすでに存在すれば，その演算を使うだけで問題を解くことができる．たとえば2つの自然数の和を求めたいとしよう．CafeOBJ には自然数に対応する**組込みモジュール**（built-in module）NAT[1]があり，その中には，**演算記号**（operator symbol）_+_ で表示される，2つの自然数を入力しその和を出力する演算が存在する．したがって，この演算を入力に適用するだけで2つの自然数の和が求められる．

演算を入力に適用して得られる出力（つまり演算の値）を CafeOBJ システムで計算するためには，入力を表す**式**（expression）[2]と演算記号から，出力を表す式を構成し，その値を計算すればよい．

組込みモジュール NAT では，式 '3'[3] が自然数3を表し，式 '4' が自然数4を表す．数字 '3' や '4' はそれ自身で式である．したがって，2つの自然数3と4に演算 _+_（演算記号 _+_ が表す演算）を適用した出力は式 '3 + 4' で表される．演算記号に含まれる**下線文字**（underscore）'_' は入力の場所を示す．

式 '3 + 4' の値は CafeOBJ システムで以下のように計算できる．

```
u01:    CafeOBJ> select NAT .
c02:    ...
u03:    NAT> reduce 3 + 4 .
c04:    -- reduce in NAT : (3 + 4):NzNat
c05:    (7):NzNat
c06:    (0.0000 sec for parse, 0.0000 sec for 1 rewrites + 1 matches)
```

u01: の CafeOBJ> は，CafeOBJ システムがユーザからの入力待ち状態であることを示している．これに対しユーザは，'select NAT .' と入力して，組込みモジュール NAT を**選択**（select）する．モジュールを選択することで，そのモジュールが，以後の命令が適用される**現モジュール**（current module）となり，そのモジュールの演算が使えるようになる．

---

[1] CafeOBJ システムに属する文字列はタイプライタフォントで示す．
[2] **項**（term）という用語が使われることも多い．
[3] タイプライタフォントであることや区切りがわかりにくい文字列は，前後を ' と ' で括って CafeOBJ 言語システムの文字列であることを示す．

1.1 すでにある演算を使う

c02:の ... は CafeOBJ システムからの出力が一部省略されていることを示している．

u03:の NAT> は，現モジュールがモジュール NAT である状態での入力待ちであることを示す．これに対しユーザは，'reduce 3 + 4 .' と入力して，CafeOBJ システムに対して，式 '3 + 4' の値を（現モジュールで）計算して表示するように求める．

CafeOBJ では，「式の値を計算する」ことは「式をもっとも簡単な形にする」ことであるので（1.1.2 参照），「式の値の計算する」ことを「式を簡約 (**reduce**) する」と言う．

c04:で CafeOBJ システムは，ユーザが入力した '3 + 4' はソート NzNat の式であり ((3 + 4):NzNat)，その式をモジュール NAT で簡約する (reduce in NAT :)，と表示し，簡約の結果がソート NzNat の式 7 であることを，c05:で (7):NzNat と表示する．

NzNat は，ゼロでない自然数 (Non Zero NATural) を意味する，ソート (**sort**) 記号である．ソートは式の種類を示し，プログラミング言語の型 (**type**) に対応する．

3 文字の列 '-- '（3 文字目は空白文字）から行末まではコメント (**comment**) であり，'-- ' で始まる行はコメント行である．c04:は，CafeOBJ システムが出力をコメントの形で示している．

c06:は，直前の reduce 命令に対して，式の構文解析の時間，書換えとマッチの回数とその時間を示している[4]．

select や reduce は，CafeOBJ の命令 (**command**) を示す **CafeOBJ キーワード** (**CafeOBJ keyword**) である．select 命令や reduce 命令のように，多くの CafeOBJ 命令は ' .'（空白文字＋ピリオド）で終わる[5]．

演算 _+_ を使えば，以下のように，NAT に組み込まれた任意の自然数の和を求めることができる．red は reduce の略記である．

---

[4] 構文解析は 1.2，書換えとマッチは 1.6.2 を参照．
[5] select 命令の最後の ' .' は省略できるが，reduce 命令の最後の ' .' は省略できない．

```
u07:    NAT> red 12345 + 67890 .
c08:    -- reduce in NAT : (12345 + 67890):NzNat
c09:    (80235):NzNat
```

```
u10:    NAT> red 98765 + 43210 .
c11:    -- reduce in NAT : (98765 + 43210):NzNat
c12:    (141975):NzNat
```

1.1.1　CafeOBJ のセッションとプロンプト

1.1/u01:-c06:[6)] のように，ユーザの CafeOBJ システムへの入力とそれに対する出力を示す行を並べてユーザとコンピュータのやり取りを示したものをセッション（**session**）と呼ぶ．u01:や c06:自体は，説明のための行番号であり，セッションの一部ではない．

　u で始まる番号の行の '>' 以降にユーザの入力が示される．文字 '>' で終わる文字列は，CafeOBJ システムの入力待ち状態を示す**プロンプト（prompt）**である．1.1/u01:の CafeOBJ> は，CafeOBJ システムの起動直後の，どのモジュールも選択されていない状態を示すプロンプトである．1.1/u03: の NAT> のように，CafeOBJ システムはモジュール名の後に文字 '>' を付けた文字列を，そのモジュールで解釈できる文字列の入力待ち状態を示すプロンプトとする．c で始まる番号の行には CafeOBJ システムの出力が示される．

1.1.2　計算 = 簡約

　モジュール NAT には，あらゆる自然数の組に対してその和を定義した，次のような無限の**等式（equation）**が仮想的に組み込まれている．等式は，キーワード eq で始まり，左辺，等号 '='，右辺が並び，' .' で終わる．

[6)]本書は 5 章からなり，章は節から，節は項から構成される．1.1/u01:-c06:や 1.4.1/03:のように，節や項を表す番号 1.1 や 1.4.1 の後に，'/' で区切り，行を示す記号数字 u01:-c06:や 03:を記すことで，その番号で示される節または項に含まれる，その記号数字で示される行を示す．節や項を示す番号がないときは同じ節や項に含まれる行を示す．番号 1.1 は，番号 1.1.1，1.1.2，... などで示される項に含まれない，節 1.1 の先頭から項 1.1.1 の直前までの部分を示す．また番号 1.1.2 は項 1.1.2 を示す．

```
eq 0 + 0 = 0 .
eq 0 + 1 = 1 . eq 1 + 0 = 1 .
eq 0 + 2 = 2 . eq 1 + 1 = 2 . eq 2 + 0 = 2 .
eq 0 + 3 = 3 . eq 1 + 2 = 3 . eq 2 + 1 = 3 . eq 3 + 0 = 3 .
    ...
eq 0 + 7 = 7 . eq 1 + 6 = 7 . eq 2 + 5 = 7 . eq 3 + 4 = 7 .
eq 4 + 3 = 7 . eq 5 + 2 = 7 . eq 6 + 1 = 7 . eq 7 + 0 = 7 .
    ...
```

ユーザが 'red 3 + 4 .' と入力すると，CafeOBJ システムは等式 'eq 3 + 4 = 7 .' を左辺から右辺への**書換え規則**（rewrite rule）として適用し，それ以上書き換えられない '3 + 4' の**簡約形**（reduced form）'7' を求めそれを出力する．

CafeOBJ の計算は，組込みまたはユーザ定義の等式を左辺から右辺への書換え規則として適用する簡約により行われる．

1.2 演算を合成する

複数の演算を合成することで新しい機能を実現できる．CafeOBJ の組込みモジュール NAT には，2つの自然数の和を求める演算 _+_ だけでなく，2つの自然数の積を求める演算 _*_ も含まれている．この2つの演算を合成することで，たとえば，時給 890 円の3人の従業員が，週にそれぞれ 22 時間，25 時間，28 時間働いた週給の合計額が，以下のように求められる．

```
u1:   NAT> red 890 * 22 + 890 * 25 + 890 * 28 .
c2:   -- reduce in NAT :
          ((890 * 22) + ((890 * 25) + (890 * 28))):NzNat
c3:   (66750):NzNat
```

c2: で，(890 * 22), (890 * 25), (890 * 28) のように**丸括弧**（parenthesis）が付いているのは，CafeOBJ が入力された文字列を，演算記号 _*_ を演算記号 _+_ より先に計算するように，つまりより高い**優先順位**（precedence）で，**構文解析**（parse）することを示している．また，((890 * 25) + (890 * 28)) のように丸括弧が付いているのは，連続する演算記号 _+_ は，右側から計算される，つまり**右結合**（right association）する，ように構文解析されることも示している．

基本時給890円で22時間働き，さらに付加時給60円が上乗せされる特別時給で6時間働いた週の週給は，次のように計算できる．

```
u4:    NAT> red 890 * 22 + (890 + 60) * 6 .
c5:    -- reduce in NAT : ((890 * 22) + ((890 + 60) * 6)):NzNat
c6:    (25280):NzNat
```

'(890 + 60)'の丸括弧を付けないと，'((890 * 22) + (890 + (60 * 6)))'が計算され，意図通りの計算ができない．

このように，複数の演算記号から式を作り上げることで，幾つもの演算を自由に合成して色々な問題を解くことができる．

1.2.1 CafeOBJの式とソート

式は入力を表す式に演算記号を適用して得られる文字列である．この式の説明文は，式を説明するのに式を用いているという意味で，**再帰的**（recursive）な形をしている．

入力がない演算を表す演算記号はそれ自体が式になる．たとえば，組込みモジュール NAT では，自然数は入力のない演算としてモデル化されるので，'3'は自然数3を表す演算記号でありそれ自体が式である．入力がない演算記号は**定数**（constant）と呼ばれ，'3'は自然数3を表すソート Nat の定数である．

CafeOBJ では，すべての演算記号について，すべての入力のソートと出力のソートをあらかじめ定める．たとえば，演算記号_+_については，2つの入力のソートは共に Nat であり，出力のソートは Nat である．式の一番外側の演算記号（つまり一番最後に適用される演算記号）の出力のソートを，その式のソートと定義する．式の一番外側の演算をその式の**最外演算**（outermost operator）と言う．

ソート S_1 の式の**集合**（set）がソート S_2 の式の集合の**部分集合**（subset）である（つまりソート S_1 の式はソート S_2 の式である）ことを'$S_1 < S_2$'のように宣言し，S_1 を S_2 の**サブソート**（subsort）と呼ぶ．たとえば，組込みモジュール NAT では'NzNat < Nat'のように宣言されている．

演算記号の入力ソートの列と出力ソートのペアを，その演算記号の**ランク**（rank）と呼び，'Nat Nat -> Nat'のように記す．入力ソートの列は**アリティ**

1.2 演算を合成する

表 1.1 演算記号とそのランク

演算記号	ランク
0	-> Nat
3	-> NzNat
12345	-> NzNat
_+_	NzNat NzNat -> NzNat Nat Nat -> Nat
_*_	NzNat NzNat -> NzNat Nat Nat -> Nat

(**arity**) と呼ばれ，出力ソートはコアリティ (**co-arity**) または値ソート (**value sort**) と呼ばれる．これまでに現れた演算記号の幾つかについてそのランクを表 1.1 に示す．演算記号 _+_ と _*_ は 2 つのランクを持つ．

定義 1.1 [式とそのソート] 式とそのソートは次のように帰納的 (**inductive**) に定義される．

(1) ランク '-> S' を持つ演算記号，つまり定数，はそれ自身でソート S の式である．

(2) 演算記号 f がランク '$S_1 S_2 \ldots S_n$ -> S' ($1 \leq n$) を持ち，すべての $i \in \{1, 2, \ldots, n\}$[7]) について，式 t_i のソートが S_i であるとする．

 (2-1) 演算記号 f が下線文字 '_' を含まなければ，文字列
$$f(t_1, t_2, \ldots, t_n)$$
はソート S の式である．

 (2-2) 演算記号 f が下線文字 '_' を含み $f_0\_f_1\_f_2\_\cdots\_f_n$ ($n \geq 1$) であれば，文字列
$$(f_0\, t_1\, f_1\, t_2\, f_2\, t_3\, \cdots\, t_n\, f_n)$$
はソート S の式である．ただし，$n = 1$ のときは f_0 または f_1，$n \geq 2$ のときは任意の f_i ($i \in \{0, 1, \ldots, n\}$)，は文字を 1 つも含まない空列 (**empty sequence**) でもよい．

---

[7]) $\{e_1, e_2, \ldots, e_n\}$ は $e_1, e_2, \ldots, e_n$ を要素とする集合を表し，$e \in S$ は e が集合 S の要素 (**element**) であることを示す．また $e_1, \ldots, e_k \in S$ は $e_1, \ldots, e_k$ がすべて集合 S の要素であることを示す．要素を元とも言う．

(3) t がソート S の式であり，かつ $S < S'$ であれば，t はソート S' の式でもある．

'((0 + 1) * 2)' がソート Nat の式であることは，以下のように，定義 1.1 を適用して確認できる．

まず，'(0 + 1)' がソート Nat の式であることを確かめる．'0' のランクは '-> Nat' であり，定義 1.1(1) から，'0' はソート Nat の式である．'1' のランクは '-> NzNat' であり，定義 1.1(1) から，'1' はソート NzNat の式である．'NzNat < Nat' なので，定義 1.1(3) から，'1' はソート Nat の式でもある．演算記号 _+_ はランク 'Nat Nat -> Nat' を持ち，'0' はソート Nat の式であり，'1' はソート Nat の式である．したがって，定義 1.1(2) は，$(n = 2)$，$(f = \_+\_)$，$(t_1 = $ '0')，$(t_2 = $ '1')，$(S_1 = \mathrm{Nat})$，$(S_2 = \mathrm{Nat})$，$(S = \mathrm{Nat})$，とすれば満たされる．ϵ で空列を表し，定義 1.1(2-2) で，$(n = 2)$，$(f_0 = \epsilon)$，$(f_1 = $ '+')，$(f_2 = \epsilon)$ とすれば，'(0 + 1)' はソート Nat の式であると確認できる．

同様の議論を，演算記号 _*_ について繰返せば，'((0 + 1) * 2)' がソート Nat の式であると確認できる．

'0' はソート Nat の式であるが，ソート NzNat の式ではないので，'(0 + 1)' はソート NzNat の式ではなく，したがって '((0 + 1) * 2)' はソート NzNat の式ではない．

練習問題 1.1 [式の定義 1] '((1 + 2) * 3)' はソート NzNat の式であり，かつソート Nat の式でもある．

演算記号 _+_ と _*_ に加えランク 'Nat -> NzNat' の演算記号 suc が宣言されているとする．'(suc((0 + 1)) * 2)' はソート NzNat の式であり，かつソート Nat の式でもある．

ランク 'Nat -> NzNat' の演算記号 s_ が宣言されていれば，'((s (0 + 1)) * 2)' はソート NzNat の式であり，かつソート Nat の式でもある．

これらの式が確かに示されたソートであることを，定義 1.1 を適用して確かめよ．□

ソート S の式の集合を $\overline{S}$ で表すことにする．たとえば，組込みモジュール NAT のソート Nat や NzNat については以下のようになる．

$$\overline{\text{Nat}} = \{0,\ 1,\ 2,\ \cdots\} \qquad \overline{\text{NzNat}} = \{1,\ 2,\ \cdots\}$$

式'((3 + 4) * 5)'もソート $\overline{\text{Nat}}$ や $\overline{\text{NzNat}}$ の要素であるが,それは式'35'に等しい.紛れのないときには,ソート S でそのソートの式の集合 $\overline{S}$ を表し「ソート Nat の要素 1」などと言う.また,$0 \in \text{Nat}$ や $1 \in (\text{Nat} \cap \text{NzNat})$ などとも書く [8].

練習問題 1.2 [式の定義 2] 組込みモジュール NAT をオープンし,自然数($\overline{\text{Nat}}$ の要素)の 2 倍を値とする演算 2*_ と自然数の階乗を値とする演算 _! を定義せよ.'red (2 * 3) + (2 !) .' は '8' に,'red 2 * (3 !) .' は '12' に,それぞれ簡約される.(**ヒント**)正の自然数から 1 を減じた自然数を値とするランク 'NzNat -> Nat' の演算 p_ を利用せよ.□

1.2.2 演算記号の優先順位と左右結合

CafeOBJ では,演算記号の優先順位と左右結合(**association**)をユーザが指定することができる.これにより,定義 1.1(2-2) の,下線文字 '_' を含む演算記号を入力式に適用して得られる出力を示す文字列の前後を囲む丸括弧 '(' と ')' を省略できる.

優先順位と左右結合の指定は,演算記号の宣言で,ランクの後に '{' と '}' で囲まれた**属性リスト**(**attribute list**)で行う.

命令 'show NAT .' を実行すると,組込みモジュール NAT の内容が表示され,以下のように,(i) モジュール NZNAT の **pr** モード(**pr mode**)(pr は protecting の略記)での輸入 [9],(ii) 演算記号 _*_ と _+_ のランクと属性リスト,が確認できる.

```
  ...
c01:    protecting(NZNAT)
c02:    op _*_ : Nat Nat -> Nat {assoc comm idr: 1 prec: 31 r-assoc} .
c03:    op _+_ : Nat Nat -> Nat {assoc comm idr: 0 prec: 33 r-assoc} .
  ...
```

c02: と c03: は演算記号の宣言である.演算記号の宣言は,CafeOBJ 言語のキーワード op の後に,演算記号,':',ランク,属性リストが続き,'.' で終わる.

---

[8] $S_1 \cap S_2$ は S_1 と S_2 に共に含まれる要素の集合(S_1 と S_2 の積集合)を表す.
[9] pr モードでの輸入については 2.2 を参照.

属性リストに含まれる**属性**（**attribute**）assocは**結合則**（**associative law**）の充足を，属性commは**可換則**（**commutative law**）の充足を，属性idr:はそれに続く'1'や'0'が**単位元**（**identity element**）であることを，それぞれ宣言する．任意の x, y, z に対して，$(x + y = y + x)$ であれば，_+_は可換則を充足し，$((x + y) + z = x + (y + z))$ であれば，_+_は結合則を充足する．$(x + 0 = x)$ かつ $(0 + x = x)$ であれば，0は_+_の単位元である．

優先順位は属性prec:に続く自然数 n ($0 \leq n \leq 127$) で指定する．**左結合**（**left association**）を属性l-assocで，**右結合**（**right association**）を属性r-assocで，それぞれ指定する．ユーザが演算記号の優先順位を指定しなければ，あらかじめ定められて規則に従い，CafeOBJシステムが優先順位を定める．

命令 'show NZNAT .' を実行して，モジュールNATが輸入している**サブモジュール**（**sub-module**）NZNATを表示すると，演算記号_+_と_*_の異なるランクと属性リストが以下のように確認できる．

```
c04:    op _+_ : NzNat NzNat -> NzNat {assoc comm prec: 33 r-assoc} .
...
c05:    op _*_ : NzNat NzNat -> NzNat
                         {assoc comm idr: 1 prec: 31 r-assoc} .
```

小さな数の優先順位が高くより強く結合することを意味する．したがって，_*_が_+_より強く結合し，式'(3 + (4 * 5))'の内側の丸括弧は省略できる．さらにもっとも外側の括弧は省略できるので，この式は'3 + 4 * 5'と略記できる．また，2つの演算記号はr-assocが指定されているので，'3 + 4 + 5'は'(3 + (4 + 5))'に，'3 * 4 * 5'は'(3 * (4 * 5))'に，それぞれ構文解析される．これらは以下のCafeOBJセッションで確認できる．

```
u06:    NAT> parse 3 + 4 * 5 .
c07:    (3 + (4 * 5)):NzNat
u08:    NAT> parse 3 + 4 + 5 .
c09:    (3 + (4 + 5)):NzNat
u10:    NAT> parse 3 * 4 * 5 .
c11:    (3 * (4 * 5)):NzNat
```

ここでparseはそれに続く式を構文解析し丸括弧を付けた式を出力させる命令

1.2 演算を合成する

である．

以下のように優先順位と左右結合の指定をせずに演算記号_a_と_b_を定義し，丸括弧を省略すると構文解析エラーになる．

```
u12:   NAT> open NAT .
c13:   -- opening module NAT.. done.
u14:   %NAT> op _a_ : Nat Nat -> Nat .
u15:   %NAT> op _b_ : Nat Nat -> Nat .
u16:   %NAT> parse 3 a 4 b 5 .
       ...
c17:   [1] _b_ : Nat Nat -> Nat ------------------------((3 a 4) b 5)
c18:   [2] _a_ : Nat Nat -> Nat ------------------------(3 a (4 b 5))
c19:   [Error] no successful parse
c20:   ("ambiguous term"):SyntaxErr
u21:   %NAT> parse 3 a 4 a 5 .
       ...
c22:   [1] _a_ : Nat Nat -> Nat ------------------------(3 a (4 a 5))
c23:   [2] _a_ : Nat Nat -> Nat ------------------------((3 a 4) a 5)
c24:   [Error] no successful parse
c25:   ("ambiguous term"):SyntaxErr
```

u12:の'open NAT .'は組込みモジュール NAT をオープン（open）する命令である．モジュールをオープンすると，そのモジュールの演算記号が使えるだけでなく，新たな演算記号や等式を定義することができる．モジュール名の前に文字'%'が付いた'%NAT>'のようなプロンプトは，そのモジュールがオープンされていることを示す．u14:と u15:は，演算記号_a_と_b_を，優先順位や左右結合の指定をせずに，ランクを指定するだけで定義している．CafeOBJ システムは_a_と_b_に同じ優先順位'41'を指定するので，'3 a 4 b 5'や'3 a 4 a 5'には，c17:-c18:と c22:-c23:で示されるように，2つの構文解析の可能性があり，構文解析のエラーとなる．

これに対し，以下のように優先順位と左右結合を指定して演算記号_a_と_b_を定義すれば，丸括弧を省略しても，複数の構文解析の可能性はなく，エラーにならない．

```
u26:   %NAT> op _c_ : Nat Nat -> Nat {prec: 25 l-assoc} .
u27:   %NAT> op _d_ : Nat Nat -> Nat {prec: 24 r-assoc} .
u28:   %NAT> parse 3 c 4 d 5 .
c29:   (3 c (4 d 5)):Nat
```

```
u30:    %NAT> parse 3 c 4 c 5 .
c31:    ((3 c 4) c 5):Nat
u32:    %NAT> parse 3 d 4 d 5 .
c33:    (3 d (4 d 5)):Nat
u34:    %NAT> close
c35:    NAT>
```

u34:の close 命令はオープンされているモジュールを閉じて，プロンプトを NAT> に戻す．

練習問題 1.3 [式の結合] 練習問題 1.2 の演算 2*_ と _! に適切な優先順位を付け，'red 2* 3 ! .' は '12' を，'red 2* 2* 3 !' は '24' を，'red 2* 3 ! + 2* 2* 3 ! .' は '36' を，それぞれ出力するようにせよ．□

大きな式を記述するときには省略可能な丸括弧を省くことで読みやすさが向上する．しかし，演算記号の優先順位と左右結合に基づく丸括弧の省略法に慣れるまでは，丸括弧を省略せずに式を記述するのが安全である．

1.3 式に名前を付ける

1.2 で示した 3 人の従業員の週給の合計を表す式の中には時給（hourly pay）を表す 890 という式が 3 回現れる．このように同じものを表す式が何度も現れるときは，それに名前を付けると，式の読みやすさが向上し，かつ再利用しやすくなる．時給を表す式 890 に hPay という名前を付けるには，以下のように，hPay が入力がなく出力ソートが Nat の（つまりランク '-> Nat' を持つ）演算記号であり（u01:），かつそれが '890' に等しいことを等式により定義（u02:）すればよい．すでに説明した通り，u01: と u02: の先頭の op と eq は，それぞれ，演算記号と等式を定義する CafeOBJ 言語のキーワードである．

```
u01:    %NAT> op hPay : -> Nat .
u02:    %NAT> eq hPay = 890 .
u03:    %NAT> red hPay * 22 + hPay * 25 + hPay * 28 .
c04:    %NAT> -- reduce in %NAT :
                ((22 * hPay) + ((25 * hPay) + (28 * hPay))):Nat
c05:    (66750):NzNat
```

hPay を '910' に変更するには，以下のように 'hPay = 890' を 'hPay = 910'

1.3 式に名前を付ける   13

に変更する（u06:）だけでよい[10]．

```
u06:    %NAT> eq hPay = 910 .
u07:    %NAT> red hPay * 22 + hPay * 25 + hPay * 28 .
c08:    %NAT> -- reduce in %NAT :
               ((22 * hPay) + ((25 * hPay) + (28 * hPay))):Nat
c09:    (68250):NzNat
```

さらに，3人の従業員の週労働時間（weekly working hours）にwwHours1，wwHours2，wwHours3と名前を付け，週給合計（weekly pay sum）にwpSumと名前を付けると，以下のような，式の意図を表現したコードが得られる．

```
10:    open NAT .
11:    op hPay : -> Nat .
12:    eq hPay = 890 .
13:    ops wwHours1 wwHours2 wwHours3 : -> Nat .
14:    eq wwHours1 = 22 .
15:    eq wwHours2 = 25 .
16:    eq wwHours3 = 28 .
17:    op wpSum : -> Nat .
18:    eq wpSum =
19:       hPay * wwHours1 + hPay * wwHours2 + hPay * wwHours3 .
20:    red wpSum .
21:    close
```

13:に示されるように，キーワードopsにより同じランク'-> Nat'を持つ3つの演算記号を同時に宣言できる．20:の'red wpSum .'により，18:-19:で定義されたwpSumが計算される．

このように，式に適切に名前を付けることで，読みやすさと再利用性が向上する．

練習問題1.4 [式に名前を付ける]　1.2/u4:で示した式'890 * 22 + (890 + 60) * 6'を構成する式に適切に名前を付けることで，この式の意図を的確に表現したCafeOBJコードを示せ．□

---

[10] u02:とu06:が共に存在するとhPayが2つの値を持ち論理矛盾なので，u02:-u03:とu06:-u07:は異なるopen...close囲まれていると考える．u02:とu06:が同じopen...closeに含まれるときは後で宣言されたu06:が有効になるが，この機能に依存するプログラミングは行うべきでない．

1.3.1 CafeOBJ コードとファイル

1.3/10:-21:のような数字で始まりコロン":"で終わる行番号で番号づけされた行の並びで，CafeOBJ 言語で書かれたテキスト，つまり **CafeOBJ** コード（**CafeOBJ code**）を示す．行番号を取り除いた CafeOBJ コードはそのまま CafeOBJ システムに入力することができる．まとまったコード（**code**）を作成するためには，コードを入れるファイル（**file**）を用意し，ファイルからシステムにコードを入力し，システムからのメッセージに基づき，必要なら，ファイルのコードを変更し再度入力する，ことを繰り返す．

CafeOBJ コードが入った CafeOBJ ファイルの拡張子（**extension**）は '.cafe' と定められており，CafeOBJ システムには CafeOBJ ファイルからコードを入力するための input 命令が用意されている．input は in と略記できる．たとえば，1.3/10:-21:のコードが入ったファイルの名前が weeklyPaySum.cafe であるとすると，input 命令を使うと以下のようなセッションが得られる．c05:-c07:が 1.3/20:の 'red wpSum .' に対する出力である．

```
u01:    CafeOBJ> in weeklyPaySum.cafe
c02:    processing input : .../weeklyPaySum.cafe
c03:    ...
c04:    -- opening module NAT .. done.
c05:    ---- reduce in %NAT : (wpSum):Nat
c06:    (66750):NzNat
c07:    (0.0000 sec for parse, 0.0000 sec for 12 rewrites + 27 matches)
c08:    CafeOBJ>
```

1.4 演算を定義する

1.3 で定義した wpSum は，ランク '-> Nat' を持ち入力のない演算記号（定数）であった．したがって，従業員の wwHours を変えて wpSum を計算し直すためには，'eq wwHours2 = 25 .' などの等式の右辺の数字を書き換え，その等式を入力し直す必要がある．3 人の従業員の週給の合計を計算する機能を実現するためには，wpSum を 3 つの入力を持つ演算記号として定義し，wpSum(22,25,28) のような式の値を計算することで週給の合計を求める方がよい．

次の CafeOBJ コードは wpSum を 3 つの入力を持つ演算記号として定義し，そ

1.4 演算を定義する

れを用いて2つの場合について週給の合計を計算している．

```
01: open NAT .
02: op hPay : -> Nat .
03: eq hPay = 890 .
04: op wpSum : Nat Nat Nat -> Nat .
05: eq wpSum(WWhours1:Nat,WWhours2:Nat,WWhours3:Nat)
06:     = hPay * WWhours1 + hPay * WWhours2 + hPay * WWhours3 .
07: red wpSum(22,25,28) .
08: red wpSum(20,24,28) .
09: close
```

04:は，wpSumが，ソートNatの3つの入力とソートNatの出力を持つ，つまりランク'Nat Nat Nat -> Nat'を持つ，演算記号であることを宣言している．05:-06:の等式は，左辺で演算wpSumの3つの入力をWWhours1, WWhours2, WWhours3という名前のソートNatの**変数**（**variable**）として宣言し，その出力を週給の合計を示す右辺の式

hPay * WWhours1 + hPay * WWhours2 + hPay * WWhours3

で定義している．05:のWWhours1:Nat, WWhours2:Nat, WWhours3:Natは，WWhours1, WWhours2, WWhours3の3つの文字列を，この等式の中だけで有効なソートNatの変数として宣言している．:Natのようなソート宣言は，有効範囲に現れる同じ変数の2度目の出現以降は省略可能である．本書では，英小文字で始まる文字列で演算記号を表し，英大文字で始まる文字列でソート記号や変数記号を表す．

変数記号は，引数のない演算記号と同様にそれ自身で式であり，「式とそのソート」を定義する定義1.1は変数を含む式にも適用される．変数を含まない式を特に**基底式**（**ground expression**）と呼ぶ．

等式に現れる変数は同じソートの任意の式に**具体化**（**instantiate**）[11]できる．したがって，変数を含む等式は，変数を式で具体化して得られる一般には無限の等式を定義している．たとえば，05:-06:の等式の中の変数WWhours1, WWhours2, WWhours3のソートはNatであり，それぞれソートNatの任意の式に具体化できる．これら3つの変数を，'22', '25', '28'に具体化することで，左辺が07:の式wpSum(22,25,28)に等しい等式が，'20', '24', '28'に具体化

---

[11] 変数Vを式eに具体化することを，変数Vに式eを**バインド**（**bind**）するとも言う．

することで，左辺が 08: の式 wpSum(20,24,28) に等しい等式が，それぞれ得られる．

07: と 08: の red 命令に対する CafeOBJ システムの出力は以下のようになる．

```
c10: -- reduce in %NAT : (wpSum(22,25,28)):Nat
c11: (66750):NzNat
c12: ...
c13: -- reduce in %NAT : (wpSum(20,24,28)):Nat
c15: (64080):NzNat
```

練習問題 1.5 [演算を定義する] wwHours だけでなく hPay も入力とする，4 入力の演算 wpSum を定義する CafeOBJ コードを作れ．□

1.4.1　簡約のトレース

1.1.2 で説明した通り，CafeOBJ の red 命令は，等式を左辺から右辺への書換え規則として可能な限り適用することで，簡約形を求める．簡約の仕組みはトレース (trace) を見ると理解しやすい．

たとえば，式 wpSum(22,25,28) の簡約のトレースは，1.4/07: の 'red wpSum(22,25,28) .' の代わりに，

```
01: set trace whole on
02: red wpSum(22,25,28) .
03: set trace whole off
```

を入力することで以下のように得られる[12]．01: が**全体**トレース (**whole trace**) を出力させるスイッチをオンにし，03: がそれをオフにする．

```
c04: -- reduce in %NAT : (wpSum(22,25,28)):Nat
c05: ---> ((hPay * 22) + ((hPay * 25) + (hPay * 28))):Nat
c06: ---> ((890 * 22) + ((hPay * 25) + (hPay * 28))):Nat
c07: ---> (19580 + ((hPay * 25) + (hPay * 28))):Nat
c08: ---> (19580 + ((890 * 25) + (hPay * 28))):Nat
c09: ---> (19580 + (22250 + (hPay * 28))):Nat
c10: ---> (19580 + (22250 + (890 * 28))):Nat
c11: ---> (19580 + (22250 + 24920)):Nat
```

---

[12] CafeOBJ システムの出力から重複する部分を取り除いている．

1.4 演算を定義する

```
c12:    ---> (24920 + 41830):Nat
c13:    ---> (66750):Nat
```

02:のredへの入力式を示すc04:の(wpSum(22,25,28))は，1.4/05:-06:の等式の変数 WWhours1, WWhours2, WWhours3 を 22, 25, 28 に具体化して得られる次の等式の左辺である．

```
14:     eq wpSum(22,25,28) = hPay * 22 + hPay * 25 + hPay * 28 .
```

c05:はこの等式14:の右辺である．つまり，c05:は，c04:の式(wpSum(22,25,28))に，等式1.4/05:-06:を具体化した等式14:を，左辺から右辺への書換え規則として適用して得られる．

c06:はc05:の1番目のhPayに，1.4/03:のhPayを定義する等式'eq hPay = 890 .'を，左辺から右辺への書換え規則として適用して得られる．

c06:からc07:への簡約は，組込みモジュールNATの演算_*_を定義する組込みの等式'eq 890 * 22 = 19580 .'を，式'(890 * 22)'に適用して得られる．

このc05:からc07:へと同様の2回の書換えが，c07:-c09:, c09:-c11:と2度繰り返されて，c07:がc011:へ簡約される．

c11:-c13:では，組込みモジュールNATの演算_+_を定義する組込みの等式が2度適用される．

CafeOBJシステムは演算_+_が可換則と結合則を満たすことを知っており，内部的なデータ構造管理の事情により，c11:の(19580 + (22250 + 24920))を(24920 + (19580 + 22250))へ変換し，(19580 + 22250)に_+_を定義する組込みの等式を適用して(24920 + 41830)(c12:)を得，それに組込みの等式を再度適用して66750 (c13:)を得る．式66750に適用可能な等式（つまり左辺または具体化された左辺がそれに等しい等式）は存在せず，これが簡約結果になる．

1.5 データ構造を定義する

1.4で定義した演算 wpSum は，従業員が 4 人に増えたり 2 人に減ったりするたびに新たな演算を定義し直す必要がある．従業員が何人になっても同じ演算を使って週給の合計を計算するためには，不特定多数の週労働時間の集まりを 1 つの式として表せるリスト構造を定義し，それを関数 wpSum への入力とすればよい．

週労働時間を組込みモジュール NAT のソート Nat の式（つまり自然数）で表すことにすると，週労働時間のリスト（WwHoursList: weekly working houres list）は以下のように定義できる．

```
01:   open NAT .
02:   -- definition of WwHoursList
03:   [WwHoursList]
04:   op # : -> WwHoursList {constr} .
05:   op __ : Nat WwHoursList -> WwHoursList {constr} .
```

03:は新たに導入するソート記号 WwHoursList を，'['と']'で挟んで宣言している．文字'['と']'は，その前後に空白を入れなくても独立した文字として読み込まれる，**区切り文字**（**delimiter**）である．他に'('，')'，'{'，'}'，','，';'が CafeOBJ の区切り文字である．

04:は'#'がランク'-> WwHoursList'の演算記号（つまり定数）であることを宣言している．'#'は要素を 1 つも含まない空リストを表す．05:は'__'がランク'Nat WwHoursList -> WwHoursList'の演算記号であることを宣言している．この演算記号は入力の位置を示す記号'_' 2 つのみからなるので，ソート Nat の式とソート WwHoursList の式を空白記号を挟んで並べるとソート WwHoursList の式になる（1.2.1 の式とソートの定義を参照）．04:と 05:で，演算記号'#'と'__'に constr 属性が付与され，この 2 つの演算記号が，ソート WwHoursList の式を構成する**構成子**（**constructor**）と呼ばれる特別な演算記号であると宣言している．

このように定義すると，任意の m 個（$m \in \{0, 1, 2, \ldots\}$）のソート Nat の式 $n_1, n_2, \ldots, n_m$ に対して，'n_1 n_2 ... n_m #'はソート WwHoursList の式になる．これは，01:-05:を入力した後で，以下のようなセッションが得られることでテストできる．

1.5 データ構造を定義する   **19**

```
u06:    %NAT> red # .
c07:    -- reduce in %NAT : (#):WwHoursList
c08:    (#):WwHoursList
u09:    %NAT> red 22 25 28 # .
c10:    -- reduce in %NAT : (22 (25 (28 #))):WwHoursList
c11:    (22 (25 (28 #))):WwHoursList
```

ソート WwHoursList が 01:-05:のように定義されると，時給（hourly pay）を示すソート Nat の要素を第 1 引数に，週労働時間のリストを表すソート WwHoursList の要素を第 2 引数に持ち，週給総計（weekly pay sum）を表すソート Nat の要素を出力する演算 wpSum が以下のように定義できる．

```
12:     -- definition of wpSum
13:     op wpSum : Nat WwHoursList -> Nat .
14:     eq wpSum(Hpay:Nat,#) = 0 .
15:     eq wpSum(Hpay:Nat,(WwHours:Nat L:WwHoursList))
16:       = Hpay * WwHours + wpSum(Hpay,L) .
```

12:の'-- 'はコメントの開始を示す．CafeOBJ システムは'-- ','** ', '--> ','**> ' から行末までをコメントとし，'--> ', '**> ' は，読み込ませたときにそれ以下行末までを出力に表示する．

13:で wpSum がランク'Nat WwHoursList -> Nat' の演算記号として定義される．

14:の等式は，wpSum の第 2 引数が空リスト'#'の場合は，第 1 引数の Hpay:Nat が何であっても，wpSum の値は'0'とする．

15:は，Hpay と WwHours がソート Nat の，L がソート WwHoursList の，15:-16:の等式の中だけで有効な変数であると宣言している．

15:-16:の等式は，wpSum の第 2 引数が'(WwHours:Nat L:WwHoursList)'と表せる場合の wpSum を，'L:WwHoursList' を第 2 引数に持つ wpSum(Hpay,L) を使って，帰納的に定義する．

04:-05:の定義から，ソート WwHoursList の式は，#であるか，'WwHours:Nat L:WwHoursList'と表されるか，のいずれかである．14:-16:の wpSum の等式は，第 2 引数のソート WwHoursList の式について，14:が#の場合を，15:-16:が'WwHours:Nat L:WwHoursList'と表される場合を，それぞれ定義してお

り，すべての可能性を網羅した完全な定義になっている．

01:-05:, 12:-16: で定義した wpSum が確かに意図した週給の合計を計算していることは，以下のようなセッションでテストできる．

```
u17:    %NAT> red wpSum(890,22 25 28 #)
                = 890 * 22 + 890 * 25 + 890 * 28 .
c18:    -- reduce in %NAT :
                (wpSum(890,(22 (25 (28 #))))
                    = ((890 * 22) + ((890 * 25) + (890 * 28)))):Bool
c19:    (true):Bool


u20:    %NAT> red wpSum(910,22 25 28 #)
                = 910 * 22 + 910 * 25 + 910 * 28 .
c21:    -- reduce in %NAT :
                (wpSum(910,(22 (25 (28 #))))
                    = ((910 * 22) + ((910 * 25) + (910 * 28)))):Bool
c22:    (true):Bool


u23:    %NAT> red wpSum(910,22 25 28 31 #)
                = 910 * 22 + 910 * 25 + 910 * 28 + 910 * 31 .
c24:    -- reduce in %NAT :
                (wpSum(910,(22 (25 (28 (31 #)))))
                    = ((910 * 22) + ((910 * 25)
                        + ((910 * 28) + (910 * 31))))):Bool
c25:    (true):Bool
```

u17:, u20:, u23: の_=_は，両辺の等価性（equivalence）を判定する組込みの演算であり，等価述語（equivalence predicate）と呼ばれる[13]．述語（predicate）は出力のソートが Bool である（つまりコアリティが Bool である）演算を意味する．Bool はブール代数（Boolean algebra）をモデル化した組込みモジュール BOOL のソートであり，その上に真偽値をモデル化した2つの定数構成子 true, false, 論理演算 _and_, _xor_, _or_, not_, _implies_, _iff_ などが宣言されている[14]．

---

[13] 演算 _=_ の正確な定義は 2.2.2 参照．
[14] 組込みモジュール BOOL の詳細は 1.8 参照．

1.5.1 記号テストと証明スコア

1.5/(01:-05:)+(12:-16:) を入力した後で，以下のコードを入力すると 03:-04: の red 命令に対して true が出力される．

```
01:     -- symbolic test of wpSum
02:     ops hp wwh1 wwh2 wwh3 : -> Nat .
03:     red wpSum(hp,wwh1 wwh2 wwh3 #)
04:         = hp * wwh1 + hp * wwh2 + hp * wwh3 .
```

02:-04: は，1.5/u17:-c19, u20:-c22:, u23:-c25: に示したテストと同様なテストに見えるが，それまでのどの等式にも現れていない，**未使用定数（fresh constant）** hp, wwh1, wwh2, wwh3 を使った**記号テスト（symbolic test）**である点が異なる．

この違いは本質的である．定数 hp, wwh1, wwh2, wwh3 は，02: の 'ops hp wwh1 wwh2 wwh3 : -> Nat .' で初めて導入された未使用の定数であり，それまでのどの等式にも現れないので，特別な性質を持つ要素に限定されることはない．したがって，それらに対して可能な任意の書換えは，それらの定数をどのような具体的な値（たとえば 890, 22, 25, 28）に置き換えても可能である[15]．

以上の議論から，入力 (hp,wwh1 wwh2 wwh3 #) に対して 03:-04: の簡約が true を出力するのであれば，定数 hp, wwh1, wwh2, wwh3 のそれぞれをソート Nat の任意の式（たとえば 890, 22, 25, 28）に置き換えても，03:-04: を true とする簡約の存在が保証される．したがって，03:-04: の red 命令の出力が true であることを確認すれば，(hp,wwh1 wwh2 wwh3 #) で表せる任意の入力，つまり hp を具体化した任意の時給と 'wwh1 wwh2 wwh3 #' を具体化した長さ 3 の任意の週労働時間リスト，に対して wpSum の正しさが証明される．

証明を目的とした 01:-04: のようなコードを**証明スコア（proof score）**と呼ぶ．

---

[15]「未使用定数を含む式の簡約」については 2.6.1 でも説明する．

1.6 さらにデータ構造を定義する

1.5/14:-16:のwpSumの定義では，1番目の入力で時間給を固定してしまうので，従業員ごとに時間給が異なる場合の週給の合計を計算することはできない．この問題を解消するには，以下のように，時間給と週労働時間のペア（**pair**）のリストを作り，それを入力とする演算wpSumを作ればよい．

```
01:   open NAT .
02:   -- pair of hourly pay and weekly working hours
03:   [HpayWwHoursPair]
04:   op _,_ : Nat Nat -> HpayWwHoursPair {constr} .
05:   -- list of pairs of hourly pay and weekly working hours
06:   [HpayWwHoursPairList]
07:   op # : -> HpayWwHoursPairList {constr} .
08:   op __ : HpayWwHoursPair HpayWwHoursPairList
09:          -> HpayWwHoursPairList {constr} .
```

03:-04:で定義された`HpayWwHoursPair`が確かにペアのデータ構造を実現し，それを使って06:-09:で定義された`HpayWwHoursPairList`が確かに`HpayWwHoursPair`のリスト構造を実現していることは，以下のCafeOBJセッションでテストできる．

```
u10:  %NAT> red (890,22) .
c11:  -- reduce in %NAT : (890 , 22):HpayWwHoursPair
c12:  (890 , 22):HpayWwHoursPair
```

```
u13:  %NAT> red 910,25 .
c14:  -- reduce in %NAT : (910 , 25):HpayWwHoursPair
c15:  (910 , 25):HpayWwHoursPair
```

```
u16:  %NAT> red # .
c17:  -- reduce in %NAT : (#):HpayWwHoursPairList
c18:  (#):HpayWwHoursPairList
```

1.6 さらにデータ構造を定義する

```
u19:    %NAT> red 890,22 910,25 860,28 # .
c20:    -- reduce in %NAT :
        ((890 , 22) ((910 , 25) ((860 , 28) #))):HpayWwHoursPairList
c21:    ((890 , 22) ((910 , 25) ((860 , 28) #))):HpayWwHoursPairList
```

HpayWwHoursPair を定義しそれを使って HpayWwHoursPairList を定義したように，CafeOBJ では透明度の高い問題の記述に必要なデータ構造をユーザが自由に定義できる．データ構造の自由な定義は，適切な抽象度でモデルを記述するために重要な機能であり，CafeOBJ の大きな特徴である．

HpayWwHoursPairList を入力とする wpSum は以下の 23:-26: のように定義できる．

```
22:     -- definition of wpSum
23:     op wpSum : HpayWwHoursPairList -> Nat .
24:     eq wpSum(#) = 0 .
25:     eq wpSum((Hpay:Nat,WwHours:Nat) L:HpayWwHoursPairList)
26:        = Hpay * WwHours + wpSum(L) .
```

wpSum は以下のセッション（u27:-c32:）でテストできる．

```
u27:    %NAT> red wpSum(#) = 0 .
c28:    -- reduce in %NAT : (wpSum(#) = 0):Bool
c29:    (true):Bool
```

```
u30:    %NAT> red wpSum(890,22 910,25 860,28 #)
               = 890 * 22 + 910 * 25 + 860 * 28 .
c31:    -- reduce in %NAT :
           (wpSum(((890 , 22) ((910 , 25) ((860 , 28) #))))
           = ((890 * 22) + ((910 * 25) + (860 * 28)))):Bool
c32:    (true):Bool
```

1.6.1 条件を判定する

週労働時間が 24 時間をこえると 60 円の付加時給が支給されるとすると，週給（weekly pay）は，たんに時給と週労働時間をかけるのでなく，条件を判定して以下のよう定義される．

```
01:   -- definition of weekly pay with additional pay
02:   op wPayWap : HpayWwHoursPair -> Nat .
03:   eq wPayWap(Hpay:Nat,WwHours:Nat)
04:     = if WwHours > 24
05:       then Hpay * WwHours + 60 * sd(WwHours,24)
06:       else Hpay * WwHours
07:       fi .
```

05:の sd_は，ランク 'Nat Nat -> Nat' を持ち，2つの自然数の差を出力する組込みの演算である．

04:-07:の演算 if_then_else_fi は組込みモジュール TRUTH で以下のように定義される．

```
08:   op if_then_else_fi : Bool *Cosmos* *Cosmos* -> *Cosmos*
09:                        {strat: (1 0) prec: 0} .
10:   eq (if true then CXU:*Cosmos* else CYU:*Cosmos* fi) = CXU .
11:   eq (if false then CXU:*Cosmos* else CYU:*Cosmos* fi) = CYU .
```

08:の *Cosmos* は組込みのソート変数であり，任意のソートに対して 08:-11:の宣言が有効になる．09:の属性宣言 'strat:(1 0)' は演算 if_then_else_fi の書換え戦略（rewrite strategy）を宣言する．(1 0) は，1番目のソート Bool の引数を簡約し，次に演算 if_then_else_fi 自身に対する等式 10:-11:を適用して簡約する，ことを指定する．したがって，1番目の引数が true に簡約されれば2番目の引数が，1番目の引数が false に簡約されれば3番目の引数が，選択される．

wPayWap は次のように条件付き等式（conditional equation）を使っても定義できる．

```
12:   -- definition of weekly pay with additional pay
13:   op wPayWap : HpayWwHoursPair -> Nat .
14:   cq wPayWap(Hpay:Nat,WwHours:Nat)
15:     = Hpay * WwHours + 60 * sd(WwHours,24)
16:     if WwHours > 24 .
17:   cq wPayWap(Hpay:Nat,WwHours:Nat) = Hpay * WwHours
18:     if not(WwHours > 24) .
```

14:と 17:の cq は，ceq の略記であり，条件付き等式を宣言する CafeOBJ の

1.6 さらにデータ構造を定義する

キーワードである．条件付き等式は，'cq E_l = E_r if C .'の形で，C が true に簡約されるときのみ，等式'E_l = E_r'が有効になる．ある変数が E_r または C に現れるならば，その変数は E_l に現れている必要がある．

wPayWap を使うと，付加時給付きの週給合計（wpSumWap）は 20:-23: のように定義でき，24:-26: でテストできる．

```
19:   -- definition of weekly pay sum with additional pay
20:   op wpSumWap : HpayWwHoursPairList -> Nat .
21:   eq wpSumWap(#) = 0 .
22:   eq wpSumWap(Hpay:Nat,WwHours:Nat L:HpayWwHoursPairList)
23:      = wPayWap(Hpay,WwHours) + wpSumWap(L) .
24:   red wpSumWap(890,22 910,25 860,28 #) 
25:      = 890 * 22 + 910 * 25 + 60 * sd(25,24) +
26:                   860 * 28 + 60 * sd(28,24) . --> true
```

条件付き等式を使った簡約の様子は，'set trace whole on'とした後で'red wpSumWap(890,22 910,25 860,28 #) .' を実行して得られる以下の全体トレースに示される．実際の出力を読みやすいように整形してある．

```
c27:  -- reduce in %NAT :
        (wpSumWap(((890 , 22) ((910 , 25) ((860 , 28) #))))):Nat
c28:  ---> (wPayWap((890 , 22)) +
                     wpSumWap(((910 , 25) ((860 , 28) #))))):Nat
c29:      (22 > 24):Bool --> (false):Bool
c30:      (not (22 > 24)):Bool --> ((22 > 24) xor true):Bool
c31:      (false xor true):Bool --> (true):Bool
c32:  ---> ((890 * 22) + wpSumWap(((910 , 25) ((860 , 28) #))))):Nat
c33:  ---> (19580 + wpSumWap(((910 , 25) ((860 , 28) #))))):Nat
c34:  ---> (19580 + (wPayWap((910 , 25)) +
                     wpSumWap(((860 , 28) #))))):Nat
c35:      (25 > 24):Bool --> (true):Bool
c36:  ---> (19580 + (((910 * 25) + (60 * sd(25,24))) +
                     wpSumWap(((860 , 28) #))))):Nat
c37:  ---> (19580 + ((22750 + (60 * sd(25,24))) +
                     wpSumWap(((860 , 28) #))))):Nat
c38:  ---> (19580 + ((22750 + (60 * 1)) +
                     wpSumWap(((860 , 28) #))))):Nat
c39:  ---> (19580 + ((22750 + 60) + wpSumWap(((860 , 28) #))))):Nat
c40:  ---> (19580 + (22810 + wpSumWap(((860 , 28) #))))):Nat
c41:  ---> (19580 + (22810 + (wPayWap((860 , 28)) +
                     wpSumWap(#))))):Nat
```

```
c42:            (28 > 24):Bool --> (true):Bool
c43: ---> (19580 + (22810 + (((860 * 28) + (60 * sd(28,24))) +
                                              wpSumWap(#)))):Nat
c44: ---> (19580 + (22810 + ((24080 + (60 * sd(28,24))) +
                                              wpSumWap(#)))):Nat
c45: ---> (19580 + (22810 + ((24080 + (60 * 4)) +
                                              wpSumWap(#)))):Nat
c46: ---> (19580 + (22810 + ((24080 + 240) + wpSumWap(#)))):Nat
c47: ---> (19580 + (22810 + (24320 + wpSumWap(#)))):Nat
c48: ---> (19580 + (22810 + (24320 + 0))):Nat
c49: ---> (19580 + (22810 + 24320)):Nat
c50: ---> (19580 + 47130):Nat
c51: ---> (66710):Nat
```

`c29:`-`c31:`は，`c28:`の `wPayWap((890 , 22))` を簡約するために，`14:`-`18:`の `wPayWap` を定義する条件付き等式の条件の簡約を示す．`c29:`は (`22 > 24`) が `false` に簡約されることを，`c29:`-`c31:`は `not(22 > 24)` が `true` に簡約されることを，それぞれ示す．この簡約結果から，`17:`-`18:`の条件付き等式が適用され，`c28:`の `wPayWap((890 , 22))` は `c32:`の (`890 * 22`) に簡約される．

`c35:` と `c42:`が同様に `14:`-`18:`の条件付き等式における条件の簡約を示す．`c35:`の条件の簡約の結果，`14:`-`16:`の条件付き等式が適用され，`c34:`の `wPayWap((910 , 25))` は `c36:`の `((910 * 25) + (60 * sd(25,24)))` に簡約される．`c42:`についても同様である．

1.6.2 簡約形の定義

式の簡約形は書換えをできる限り繰り返して得られる式である．この項では1回の書換えと書換え列を定義し，それに基づき簡約形の定義を与える．

まず以下で必要な用語と前提を準備する．

- 式 e の部分式（**sub-expression**）とは e の部分を成す式のことであり，e も e の部分式である．
- 演算記号に単位元が宣言されていれば，'eq N:Nat + 0 = N .'のような等式が存在する（1.2.2 参照）．
- 具体化した等式（**instantiated equation**）とは，変数を含まない等式か，変数を含む等式のすべての変数を同じソートの基底式（変数を含まない式）で置き換えた（変数を含まない）等式である．したがって，変数を含む等

式は，一般には無限個の具体化した等式を定義する．条件がない普通の等式は条件 C が true の条件付き等式 'cq E_l = E_r if C .' であると考え，具体化した等式はすべて 'cq e_l = e_r if c .' の形をしていると想定する．

- 2つの式 e_1, e_2 は以下の違いがあっても**同等**（**identical**）であると言い，$e_1 =_{ac} e_2$ と記す．(a) 丸括弧の省略の仕方（1.2.2 参照）の違い．(b) 結合則を満たす演算記号の結合の仕方（丸括弧の付け方）の違い．(c) 可換則を満たす演算記号の引数の順番の違い．

'ops n1 n2 n3 : -> Nat .' と宣言されたソート Nat の定数と演算記号 _+_, _*_ から構成される式に対する同等性判定例を以下に示す（演算記号 _+_, _*_ の優先順位と左右結合は 1.2.2 参照）．第3列が第1列と2列の式の同等性を示し，同等である場合には，第4列がその理由を示している．

'(n1 + n2) + n3'	'(n1 + (n2 + n3))'	true	(a),(b)
'(n1 + n2)'	'n2 + n1'	true	(a),(c)
'n1 * n2 + n3'	'(n3 + (n2 * n1))'	true	(a),(c)
'n1 * (n2 + n3)'	'n1 * n2 + n3'	false	

定義 1.2 [1回の書換え/書換え列] e をモジュール M の基底式とする．

(1) 式 e のある部分式 e_{sub} がモジュール M のある具体化した等式 'cq e_l = e_r if c .' の左辺 e_l と同等であり（つまり $e_{sub} =_{ac} e_l$ であり）かつ $c \stackrel{*}{\Rightarrow}_M$ true のとき，式 e の部分式 e_{sub} をその具体化された等式の右辺 e_r に置き換えた式 $e[e_{sub} \rightarrow e_r]$ は e から **1 回の書換え**（**1 step rewrite**）で得られると言い $e \stackrel{1}{\Rightarrow}_M e[e_{sub} \rightarrow e_r]$ と記す．

(2) $e \stackrel{1}{\Rightarrow}_M e_1 \stackrel{1}{\Rightarrow}_M e_2 \stackrel{1}{\Rightarrow}_M \cdots \stackrel{1}{\Rightarrow}_M e_n$ ($n \in \{1, 2, \ldots\}$) であるような式の列 $e\, e_1\, e_2 \cdots e_n$ を e から e_n への**書換え列**（**rewrite sequence**）と言う．モジュール M で e から e' への書換え列が存在することを $e \stackrel{+}{\Rightarrow}_M e'$ と記し，e' が e と同等であるか $e \stackrel{+}{\Rightarrow}_M e'$ であることを $e \stackrel{*}{\Rightarrow}_M e'$ と記す．

(1) では (2) で定義される $\stackrel{*}{\Rightarrow}_M$ を使って $\stackrel{1}{\Rightarrow}_M$ を定義し，(2) では (1) で定義される $\stackrel{1}{\Rightarrow}_M$ を使って $\stackrel{*}{\Rightarrow}_M$ を定義しており，(1) と (2) は相互再帰的に互いに補完しあって定義される．

1回の書換えを1回の**簡約**（**1 step reduction**），書換え列を**簡約列**（**reduction sequence**）とも呼ぶ．

e_{sub} を基底式，E_l を変数を含む式とする．E_l の変数を具体化して $e_{sub} =_{ac} e_l$ となるような基底式 e_l が得られるかを決定することを「e_{sub} と E_l を**マッチ**（**match**）させる」と言う．マッチを行うアルゴリズムは知られており，「式 e のある部分式 e_{sub} が M の無限個あるかもしれない具体化された等式 'cq e_{l_i} = e_{r_i} if c_i .' ($i \in \{1, 2, \ldots\}$) のいずれかの左辺 e_{l_j} と同等であるか」の判定は，「式 e のある部分式 e_{sub} が M の有限個の等式 'cq E_{l_i} = E_{r_i} if C_i .' ($i \in \{1, 2, \ldots, n\}$) のいずれかの左辺 E_{l_j} とマッチするか」の判定に帰着し，有限時間で実行可能である．

定義1.2では，$\_\overset{1}{\Rightarrow}_{M}\_$ は $\_\overset{*}{\Rightarrow}_{M}\_$ に基づいて定義されており，無限の書換え列を探索する無限ループに入る可能性がある．また，$\_\overset{*}{\Rightarrow}_{M}\_$ は $\_\overset{1}{\Rightarrow}_{M}\_$ に依存しているので，$\_\overset{1}{\Rightarrow}_{M}\_$ は $\_\overset{1}{\Rightarrow}_{M}\_$ 自身に依存している．$\_\overset{1}{\Rightarrow}_{M}\_$ の定義はそれを判定する検索手続き示しており，その手続きが自分自身を再帰的に呼び出すので無限ループに入る可能性がある．したがって，$e \overset{1}{\Rightarrow}_M e'$ は「成り立つ」，「成り立たない」，「不明」（無限ループ）の3つのいずれかになる．

定義 1.3 [**式の簡約形**] モジュール M の基底式 e に対し，ある $\hat{e}$ が存在し，$e \overset{*}{\Rightarrow}_M \hat{e}$ でありかつ $\hat{e} \overset{1}{\Rightarrow}_M e'$ のような e' が存在しないとき，$e \overset{\text{rd}}{\Rightarrow}_M \hat{e}$ と記し $\hat{e}$ を e の**簡約形**と言う．つまり $(e \overset{\text{rd}}{\Rightarrow}_M \hat{e}) \overset{\text{def}}{=} ((e \overset{*}{\Rightarrow}_M \hat{e})$ and $\text{not}(\exists e'(\hat{e} \overset{1}{\Rightarrow}_M e')))$[16] であるような $\hat{e}$ を e の**簡約形**と言う[17]．

定義1.3は「e の M における簡約形 $\hat{e}$ は，e に M の等式を左辺から右辺への書換え規則としてできる限り適用して得られる式である」と定義している．

1.6.3　停止性/合流性と red 命令

条件付き等式の条件判定が無限に繰り返されることがあり，書換えが無限に起こることもある．また，式 e の部分式は幾つもあり，それをマッチすべき等

---

[16] $St_1 \overset{\text{def}}{=} St_2$ は「St_1 は St_2 で定義される」を意味する．

[17] $(\exists e_1, e_2, \ldots, e_n \in S(St))$ は「St が成り立つような S の要素 $e_1, e_2, \ldots, e_n$ が存在する」を意味する．'$\in S$' は略すことがあり，n は1のこともある．

式も幾つもある．したがって，それらのどれを選ぶかによって簡約形は複数存在し，モジュール M での e の簡約形は一意に決まるとは限らない．

任意の基底式に対し条件判定の無限の繰り返しも無限の書換え列も存在しないとき，モジュール M は**停止性**（**termination property**）を満たすと言う．また，任意の基底式 e_0, e_1, e_2 に対して，$e_0 \overset{*}{\Rightarrow} e_1$ かつ $e_0 \overset{*}{\Rightarrow} e_2$ ならある基底式 e_3 が存在して $e_1 \overset{*}{\Rightarrow} e_3$ かつ $e_2 \overset{*}{\Rightarrow} e_3$ ならば，M は**合流性**（**confluence property**）を満たすと言う．

モジュール M が停止性と合流性を満たせば，M の任意の基底式 e に対して，e からの書換えは必ず停止し e の簡約形 $\hat{e}$ は一意に定まる．このことから，停止性と合流性を満たすモジュールから構成される仕様は信頼性が高いと言える．

CafeOBJ はモジュールを停止性と合流性を満たすように作成することを強く推奨する．しかし，モジュールの停止性と合流性を一般的に判定するアルゴリズムは存在しない．したがって，停止性と合流性を一般的に判定することは不可能であるが，停止性と合流性の十分条件を満たすように仕様（CafeOBJ モジュール）を作成することは可能である．

ブール代数を定義する組込みモジュール BOOL の停止性と合流性について 1.8.1 で説明する．また，2.11.1 でいくつかの例題の停止性と合流性をどのように判定するかを説明する．

モジュールが停止性と合流性を満たすことを前提としないと，モジュール M で式 e の簡約形を求める命令 'red in $M : e$.'[18] は無限ループに入って暴走する可能性があり，停止しても複数あるかもしれない簡約形のいずれか一つを出力するだけである．

'red in $M : e$.' は，1.6.1 の 09: に示したような strat: を用いた演算の属性宣言に基づき書換え戦略を指定することで，特定のアルゴリズムに従い部分式や等式の検索と選択を決定的に行うように実現されている．したがって，'red in $M : e$.' は決定的に動作し，同じ e に対しては，無限ループに入る場合も含め，常に同じ結果になる．

'red in $M : e$.' の結果値を $\bar{e}_M^{\text{red}}$ と表し e の M における **red 値**（**red value**）

---

[18] 'red in $M : e$.' は 'select M .' してから 'red e .' を行うのと同じ簡約を行う．ただし，モジュール M を現モジュールにすることはしない．

と呼ぶ．red 値は**簡約結果**（reduction result）とも呼ばれる．無限の書換えに落ち入るときは $\overline{e}_M^{\text{red}}$ は未定義となる．書換えが止まり red 値 $\overline{e}_M^{\text{red}}$ が出力されれば，$\overline{e}_M^{\text{red}}$ は e に M の等式を何回か適用することで得られ，以下の命題が成り立つ．

> **命題 1.1** [red 命令] red 命令 'red in $M : e$.' が $\overline{e}_M^{\text{red}}$ を結果値として出力すれば，M の等式から e と $\overline{e}_M^{\text{red}}$ が等価であると推論できる．

「M の等式から e と e' が等価であると推論できる」は $(e =_M e')$ と表現され 2.2.1/ (**EQ**) で $\_\xRightarrow{*}_M\_$ を使って厳密な定義が与えられる．

命題 1.1 は red 値を求めることで，停止性と合流性が満たされないときでも，モジュール M における等式推論がシミューレートできる（つまり部分的に実行できる）ことを保証する．

1.7 モジュールを定義する

'open...close' は，すでにあるモジュールに新たにサブモジュール 'pr(...)'，ソート '[...]'，演算 'op...'，等式 'eq...' などを追加した環境で，簡約を実行したり試験的にコードを作成するのに便利である．しかし，まとまったコードができたらそれをモジュールとして定義する方がよい．

以下の 01:-15: は，1.6 の週給 wpSum を求めるコードに WPsum という名前を付けたモジュールを定義する．

```
01:  -- weekly pay sum module
02:  mod WPsum {
03:  pr(NAT)
04:  -- pair of hourly pay and weekly working hours
05:  [HpayWwHoursPair]
06:  op _,_ : Nat Nat -> HpayWwHoursPair {constr} .
07:  -- list of pairs of hourly pay and weekly working hours
08:  [HpayWwHoursPairList]
09:  op # : -> HpayWwHoursPairList {constr} .
10:  op __ : HpayWwHoursPair HpayWwHoursPairList
11:          -> HpayWwHoursPairList {constr} .
12:  -- definition of wpSum
```

1.7 モジュールを定義する

```
13:    op wpSum : HpayWwHoursPairList -> Nat .
14:    eq wpSum(#) = 0 .
15:    eq wpSum((Hpay:Nat,WwHours:Nat) L:HpayWwHoursPairList)
16:       = Hpay * WwHours + wpSum(L) . }
```

モジュール宣言は，キーワード module（mod は module の略記）の直後でモジュール名を宣言し，その後に '{'(02:) と '}'(16:) で囲って，サブモジュール宣言（'pr(...)'），ソート宣言（'[...]'），演算宣言（'op...'），等式宣言（'eq...'）などからなるモジュールの本体を書く．モジュールの本体に select, open, red などの命令を書くことはできない．03: の pr は protecting の略記であり，組込みモジュール NAT を pr モードで輸入 (import) してモジュール WPsum のサブモジュールとすることを宣言し，モジュール NAT のサブモジュール，ソート，演算，等式などをモジュール WPsum で使用可能にする．モジュールの輸入宣言には，他に，extending（ex と略記可能），including（inc と略記可能）がある．

01:-16: を（行番号を除いて）CafeOBJ システムに読み込ませると，以下のセッションが可能となり wpSum がテストできる．

```
u17:   CafeOBJ> red in WPsum : wpSum(890,22 910,25 860,28 #) .
c18:   -- reduce in WPsum :
         (wpSum(((890 , 22) ((910 , 25) ((860 , 28) #))))):Nat
c19:   (66410):NzNat
```

また，以下の証明スコアを実行し，red 命令が true であることを確認することで，長さ３の HpayWwHoursPairList に対する wpSum の正しさが証明される．

```
20:    open WPsum .
21:    ops hp1 hp2 hp3 wwh1 wwh2 wwh3 : -> Nat .
22:    red wpSum(hp1,wwh1 hp2,wwh2 hp3,wwh3 #)
23:        = hp1 * wwh1 + hp2 * wwh2 + hp3 * wwh3 .
24:    close
```

練習問題 1.6 ［モジュールを定義する］1.6.1/20:-23: で定義された wpSumWap を使って週給を計算するモジュール WPsumWap を定義せよ．□

1.7.1 CafeOBJ の構文とキーワード

CafeOBJ 言語の構文単位は，宣言（declaration）と命令（command）に分類される．サブモジュール宣言，ソート宣言，演算宣言，等式宣言などが宣言であり．選択命令，簡約命令，オープン命令などが命令である．

CafeOBJ の宣言や命令は，基本的に，'red ... .'や'eq ... .'のように，red や eq などのキーワードで始まり' .'で終わる．ただし，モジュール本体を'{...}' の中に記述するモジュール宣言'mod..{...}'，ソート名やサブソート関係（'..<..'）を'[...]' の中に記述するソート宣言，オープン命令の終わりを示すクローズ命令 close などの例外がある．

モジュール宣言のモジュール本体には宣言だけを書くことができ命令は書けない．オープン命令の本体には宣言と命令の両方を書くことができる．

1.7.2 日本語の名前

CafeOBJ システムでは，演算名，ソート名，モジュール名（それぞれ演算記号，ソート記号，モジュール記号とも呼ばれる）やコメントに日本語が使える．

1.7 のモジュール WPsum のモジュール名，ソート名，演算名を以下のように日本語に変えると下記の 01:-15:のコードが得られる．

WPsum	→	週給計算
HpayWwHoursPair	→	給時組
HpayWwHoursPairList	→	給時組リスト
#	→	■
wpSum	→	週給合計

```
01:   -- 週給計算モジュール
02:   mod 週給計算 {
03:   pr(NAT)
04:   -- 時給と週労働時間の組の定義
05:   [給時組]
06:   op _,_ : Nat Nat -> 給時組 {constr} .
07:   -- 給時組リストの定義
08:   [給時組リスト]
09:   op ■ : -> 給時組リスト {constr} .
10:   op _ _ : 給時組 給時組リスト -> 給時組リスト {constr} .
```

```
11:   -- 週給合計の定義
12:   op 週給合計 : 給時組リスト -> Nat .
13:   eq 週給合計 (■) = 0 .
14:   eq 週給合計 ((時給:Nat,週労働時間:Nat) L:給時組リスト)
15:     = 時給 * 週労働時間 + 週給合計 (L) . }
```

01:-15:を（行番号を除いて）CafeOBJ システムに読み込ませると，以下のテストセッションが可能になる．

```
u16:  CafeOBJ> red in 週給計算 : 週給合計 (890,22 910,25 860,28 ■) .
c17:  -- reduce in 週給計算 :
        (週給合計 (((890 , 22) ((910 , 25) ((860 , 28) ■)))))):Nat
c18:  (66410):NzNat
```

以下は，週給計算の週給合計の，長さ 3 の給時組リストに対する正しさを証明する証明スコアである．

```
19:   open 週給計算 .
20:   ops 時給1 時給2 時給3 時間1 時間2 時間3 : -> Nat .
21:   red 週給合計 (時給1,時間1 時給2,時間2 時給3,時間3 ■)
22:     = 時給1 * 時間1 + 時給2 * 時間2 + 時給3 * 時間3 .
23:   close
```

1.8 組込みモジュール BOOL

組込みモジュール BOOL はブール代数を定義し，かつ (_and_)，または (_or_)，でない (not_)，ならば (_implies_)，論理的に等価（両方向ならば）(_iff_) などの論理演算を用いる**命題論理**（**propositional logic**）による推論を可能とする．たとえば，以下に示される 2 つの red 命令は true を返し，命題論理で成り立つ定理がモジュール BOOL で成り立つことを示している．

```
open BOOL .
ops b1 b2 b3 : -> Bool .
red ((b1 implies b2) and (b2 implies b3)) implies (b1 implies b3) .
red (b1 implies (b2 implies b3)) iff ((b1 and b2) implies b3) .
close
```

逆に5つの論理演算 _and_, _or_, not_, _implies_, _iff_ から構成されるソート Bool の式に対してモジュール BOOL で red 命令が true を返すことは，命題論理において対応する定理が成り立つことを意味する．たとえば，'red (b1 implies (b2 implies b3)) iff ((b1 and b2) implies b3) .' が true を出力することは，以下が成り立つ（つまり ($B1$ implies ($B2$ implies $B3$)) が表すブール関数が (($B1$ and $B2$) implies $B3$) が表すブール関数と等しい）ことを意味する [19]．

$$(\forall B1, B2, B3 \in \overline{\text{Bool}}$$
$$((B1 \text{ implies } (B2 \text{ implies } B3)) = ((B1 \text{ and } B2) \text{ implies } B3)))$$

すなわち，モジュール BOOL での red 命令は「5つの論理演算（ブール演算）_and_, _or_, not_, _implies_, _iff_ から構成されるソート Bool の式が表す命題論理の定理の決定アルゴリズムを与える」という際立った特徴を有する．

命令 'show BOOL .' [20] を CafeOBJ システムに入力すると，以下のように組込みモジュール BOOL の内容が表示される．

```
u01:   CafeOBJ> show BOOL .
c02:   ...
c03:   sys:mod! BOOL
c04:   principal-sort Bool
c05:   {
c06:     imports {
c07:       protecting (BASE-BOOL)
c08:     }
c09:     axioms {
c10:       ...
c11:     }
c12:   }
```

c02: と c10: の...はシステムからの出力が省略されていることを示す．c03: の sys:mod は BOOL が組込みのモジュールであることを示す．c04: はソート Bool がこのモジュールの主ソート (**principal sort**) であることを示す．主ソート宣言はそれが属するモジュールの中で最重要のソートを示し，3.4.1 で説明するビュー推論で使われる．c06:-c08: はこのモジュールが輸入している

---

[19] ($\forall e_1, e_2, \ldots, e_n \in S\,(St)$) は「$S$ のすべての要素 $e_1, e_2, \ldots, e_n$ に対して St が成り立つ」を意味する．'$\in S$' は略すことがあり，n は1のこともある．

[20] show は sh と略記でき，最後の '.' は省略できる．

1.8 組込みモジュール BOOL

サブモジュールを示す部分であり，c07:はモジュール BASE-BOOL を pr モードで輸入していることを示す．「輸入」や「サブモジュール」は推移的な概念であり，$M1$ が $M2$ を輸入し $M2$ が $M3$ を輸入していれば $M1$ は $M3$ を輸入し，$M3$ が $M2$ のサブモジュールであり $M2$ が $M1$ のサブモジュールであれば $M3$ は $M1$ のサブモジュールである．c09:-c11:はこのモジュールで宣言されている公理（axiom）を示しており公理部（axiom part）と呼ばれる．

show 命令 'show BASE-BOOL .' を使ってサブモジュール BASE-BOOL を表示させると以下を得る．

```
c13:    sys:mod* BASE-BOOL
c14:    principal-sort Bool
c15:    {
c16:     imports {
c17:      protecting (TRUTH)
c18:      protecting (EQL)
c19:             }
c20:     signature {
c21:      op _and_ : Bool Bool -> Bool {assoc comm prec: 55 r-assoc}
c22:      op _and-also_ : Bool Bool -> Bool
                                {strat: (1 0 2) prec: 55 r-assoc}
c23:      op _or_ : Bool Bool -> Bool {assoc comm prec: 59 r-assoc}
c24:      op _or-else_ : Bool Bool -> Bool
                                {strat: (1 0 2) prec: 59 r-assoc}
c25:      op _xor_ : Bool Bool -> Bool {assoc comm prec: 57 r-assoc}
c26:      op not_ : Bool -> Bool {strat: (0 1) prec: 53}
c27:      op _implies_ : Bool Bool -> Bool
                                {strat: (0 1 2) prec: 61 r-assoc}
c28:      op _iff_ : Bool Bool -> Bool
                                {strat: (0 1 2) prec: 63 r-assoc}
c29:              }
c30:    }
```

幾つかのソートと（それらのソートによりランクを規定された）幾つかの演算の集まりを**シグネチャ**（**signature**）と呼ぶ．signature{...}はこのモジュールで宣言されるシグネチャを示しており，**シグネチャ部**（**signature part**）と呼ばれる．ソート Bool や構成子 true, false はサブモジュール TRUTH のサブモジュール TRUTH-VALUE で宣言されている．assoc, comm, strat: などの Bool 上の演算（ブール演算）の属性（1.2.2 参照）はそれらの演算の機能を定義する際に重要な役割を演ずる．

c21:-c28: の演算記号の宣言では，その終わりを示す '.' が省略されている[21]。モジュール BASE-BOOL のシグネチャ部で宣言されたブール演算の機能は以下の等式で定義される．これらが上の c10: で省略された公理である．

```
31:   eq (false and A:Bool) = false .
32:   eq (true and A:Bool) = A .
33:   eq (A:Bool and A) = A .
34:   eq (A:Bool xor A) = false .
35:   eq (false xor A:Bool) = A .
36:   eq (A:Bool and (B:Bool xor C:Bool)) =
                              ((A and B) xor (A and C)) .
```

```
37:   eq (A:Bool or A) = A .
38:   eq (false or A:Bool) = A .
39:   eq (true or A:Bool) = true .
40:   eq (A:Bool or B:Bool) = ((A and B) xor (A xor B)) .
41:   eq (not A:Bool) = (A xor true) .
42:   eq (A:Bool implies B:Bool) = ((A and B) xor (A xor true)) .
43:   eq (A:Bool iff B:Bool) = (A xor (B xor true)) .
```

```
44:   eq (A:Bool and-also false) = false .
45:   eq (false and-also A:Bool) = false .
46:   eq (A:Bool and-also true) = A .
47:   eq (true and-also A:Bool) = A .
48:   eq (A:Bool and-also A) = A .
49:   eq (false or-else A:Bool) = A .
50:   eq (A:Bool or-else false) = A .
51:   eq (true or-else A:Bool) = true .
52:   eq (A:Bool or-else true) = true .
```

31:-33: が _and_ を，34:-35: が _xor_ を，それぞれ定義する．_and_ と _xor_ は共に comm 属性を持ち可換則を満たすので，31:-35: は十分な定義になっている．たとえば，_xor_ については，2つの引数が同じであれば 34: で定義され，2つの引数が異なれば，いずれかの引数は false になるので，35: で定義される．

31:-33: から，'b_1 and b_2' は，b_1 と b_2 が共に true なら true となり，それ以外の場合は false となる．34:-35: から，'b_1 xor b_2' は，b_1 と b_2 が等しければ false となり，異なれば true となる．xor は排他的論理和 (exclusive or) を意味する．

---

[21] 演算記号の宣言の終わりを示す '.' は，モジュール宣言 mod{...} の中では省略可能であるが，'open...close' の中では省略できない．

1.8 組込みモジュール BOOL

36:は，_and_の引数は_xor_の引数に分配 (distribute) される (つまり分配則 (distributive law) が成り立つ) ことを宣言している．_and_と_xor_の2つのブール演算のみから構成されるブール式 (ソート Bool の式) は，31:-36:の等式を左辺から右辺への書換え規則として可能な限り適用すると，次のような **xor-and 標準形 (xor-and normal form)** に簡約される．

$$(b_{11} \text{ and } b_{12} \text{ and } \cdots \text{ and } b_{1m_1})$$
$$\text{xor } (b_{21} \text{ and } b_{22} \text{ and } \cdots \text{ and } b_{2m_2})$$
$$\cdots$$
$$\text{xor } (b_{n1} \text{ and } b_{n2} \text{ and } \cdots \text{ and } b_{nm_n})$$

b_{ij} は_and_も_xor_も含まないブール式であり，33:から任意の i に対して，$j \neq k$ ならば $b_{ij} \neq b_{ik}$ である．また 34:から，$i \neq j$ ならば $((b_{i1} \text{ and } b_{i2} \text{ and } \cdots \text{ and } b_{im_i}) =_{ac} (b_{j1} \text{ and } b_{j2} \text{ and } \cdots \text{ and } b_{jm_j}))$ ではない (つまり同等な式 (1.6.2 参照) ではない)．

37:-39:は演算_or_を削除する規則を定義している．

40:-43:はそれぞれ，左辺の演算_or_, not_, _implies_, _iff_を，右辺の_and_と_xor_で定義している．

41:では演算 not_の数が左辺から右辺で減る．43:では演算_iff_の数が左辺から右辺で減る．

40:では，右辺に左辺の A:Bool と B:Bool が2度現れるので，演算_or_が A:Bool または B:Bool に含まれるときは，右辺に現れる_or_の数が左辺より増えることがある．しかし，演算_or_の入れ子の深さ (つまり_or_が_or_の引数になっている段数) は減るので，規則を有限回適用することで演算_or_が A:Bool または B:Bool に含まれない状況になり，それ以後は_or_の数は確実に減る．

42:も 40:と同様に議論でき，演算_implies_の数は確実に減る．

したがって，演算_and_, _xor_, _or_, not_, _implies_, _iff_ から構成される任意のブール式は，40:-43:を使って，演算_and_, _xor_だけから構成される式に簡約され，31:-36:を使って，xor-and 標準形に簡約される．

44:-48:は演算_and-also_を，49:-52:は演算_or-else_を定義する．_and-also_と_or-else_は共に書換え戦略を指定する属性 'strat: (1 0 2)' を持つ．したがって，'b_1 and-also b_2' または 'b_1 or-else b_2' の形の式は，1番目の引数 b_1 を簡約しそれが false または true であれば，45:または 51:が

適用され false または true に簡約され，2番目の引数 b_2 は簡約されない．

1.8.1 ブール式の関数等価性，恒真性，充足可能性

ソート Bool の k 個の未使用定数 b1,b2,...,bk と演算記号 _and_, _xor_, _or_, not_, _implies_, _iff_ から構成されるブール式の集合を PXBE(k) と表す．また，xor-and 標準形の PXBE(k) の要素の集合を XBE(k)（⊆PXBE(k)）と表す．

$pxbe \in$ PXBE(k) の簡約に関係する等式は 1.8/31:-43: であり，以下が成り立つ．

(1) これらの等式は，各々以下の理由により，左辺から右辺への書換え規則として $pxbe \in$ PXBE(k) に無限回適用されることはない．つまり停止性を満たす．

　(a) 1.8/31:-35:，37:-39: では左辺の演算記号が削除される．

　(b) 1.8/40:-43: では，それぞれ，左辺の _or_, not_, _implies_, _iff_ が削除され，それら演算の数は確実に減り _and_ と _xor_ だけが残る．（1.8 の 40: と 42: に関する説明を参照．）

　(c) 1.8/36: では，左辺で _and_ の引数に現れる _xor_ の総数が右辺では1つ減る．

(2) これらの等式による書換えは，以下のような場合に同じ式に異なる等式を適用して分岐することがあるが，簡約形の一意性は保証される．つまり合流性を満たす．

　(a) ((b1 and b1) iff (b2 or b3)) ∈ PXBE(k) に対し，部分式 (b1 and b1) に 1.8/33: を適用するか，部分式 (b2 or b3) に 1.8/40: を適用するかで2つの異なる結果になるような場合．つまり，書き換えられる2つの部分式には重なりがなく，独立して書換えができる場合．33: を先に適用した場合には後で 40: を適用し，40: を先に適用した場合には後で 33: を適用することで同じ結果になるように，一意性が保証される．

　(b) ((b1 and b1) iff (b2 or b3)) ∈ PXBE(k) に対し，全体に 1.8/43: を適用するか，部分式 (b2 or b3) に 1.8/40: を適用するかで2つの異なる結果になるような場合．つまり，書き換えられる2つの部分式に重なりがあっても，適用される2つの（具体化前の）

等式の左辺が演算記号を共有しない場合．そのため，片方の等式で書き換えた後でも，もう片方の等式での書換えが可能である．43:を先に適用した場合には後で40:を適用し，40:を先に適用した場合には後で43:を適用することで同じ結果になるように，一意性が保証される．

(c) (b1 or b1) $\in$ PXBE(k) に対し，1.8/37:を適用し b1 を得，1.8/40:を適用して ((b1 and b1) xor (b1 xor b1)) を得るように，2つの異なる結果に分岐してしまう場合．つまり，適用される2つの（具体化前の）等式の左辺が演算記号を共有するため，片方の等式で書き換えた後，もう片方の等式で書き換えられる部分式が消えてしまう可能性がある場合．このような左辺の重なりから生じる分岐のうちでもっとも一般的な対を（2つの式に集合）**危険対 (critical pair)** と呼ぶ．(b1 or b1)の場合は，1.8/40:を適用した後で，1.8/33:-35:を適用することでb1を得られるので，危険対は解消され一意性が保証される．モジュール BOOL の等式 1.8/31:-43:についてどの危険対も同じ項に簡約できることがわかっている．

したがって以下の命題が成り立つ．

> **命題 1.2** [BOOL での**簡約**] 任意の $pxbe \in$ PXBE(k) に対して，$pxbe$ から始まる無限の書換え列は存在せず，$pxbe \overset{\text{rd}}{\Rightarrow} \widehat{pxbe}$ のような $pxbe$ の簡約形 $\widehat{pxbe}$ は一意に定まる．すなわち，簡約 'red in BOOL : $pxbe$.' は停止し，red 値 $\overline{pxbe}_{\text{BOOL}}^{\text{red}} \in$ XBE(k) が $pxbe$ の唯一の簡約形である．

簡約の停止性と結果の一意性を厳密に議論するためには，モジュールの停止性と合流性（つまりモジュールの等式が定義する書換え規則の停止性と合流性）を判定する必要があり，危険対の解析は合流性判定の有力な方法である．これらは等式プログラミングの理論の重要なテーマである．危険対については 2.11.1 でさらに説明する．

$pxbe \in$ PXBE(k) とする．定数 b1, b2,..., bk の各々を true または false に置き換える置換を，k 組 $\sigma \in \{\text{true},\text{false}\}^k$ で表し，$pxbe$ 中の b1, b2,..., bk を σ に従い true または false に置き換えた式を $pxbe(\sigma)$ と表す．$pxbe(\sigma)$ は

1.8/31:-43:を用いて true または false に簡約される，つまり $\overline{pxbe(\sigma)}_{\text{BOOL}}^{\text{red}} \in$ {true,false} なので，$pxbe$ が定める k 引数のブール関数（**Boolean function**）$\beta(pxbe) : \{\text{true,false}\}^k \to \{\text{true,false}\}$ が，$(\beta(pxbe))(\sigma) \stackrel{\text{def}}{=} \overline{pxbe(\sigma)}_{\text{BOOL}}^{\text{red}}$ と定義できる．2つのブール式 $pxbe_1, pxbe_2 \in \text{PXBE}(k)$ は，$\beta(pxbe_1) = \beta(pxbe_2)$ のとき関数等価（**functionally equivalent**）であると言われる．以下が成り立つ．

(3) $xbe \in \text{XBE}(k)$ が false でなければ，$\overline{xbe(\sigma)}_{\text{BOOL}}^{\text{red}} = \text{true}$ となる置換 σ が存在する．$xbe = \text{true}$ のときは，どんな σ に対しても，$\overline{xbe(\sigma)}_{\text{BOOL}}^{\text{red}} = \text{true}$ となる．xbe が false でも true でもないときは，(i)true を部分式に持つ場合か，(ii)true を部分式として持たず（b_{i1} and b_{i2} and $\cdots$ and b_{im_i}）を部分式に持つ場合の，いずれかである．(i)のときは，b1, b2,…,bk すべてを false に置き換える σ に対して，$\overline{xbe(\sigma)}_{\text{BOOL}}^{\text{red}} = \text{true}$ となる．(ii)のときは，m_i は最小ものであるとして，$b_{i1}, b_{i2}, \ldots, b_{im_i}$ のすべてを true に置き換え，それ以外の b_j をすべて false に置き換える σ に対して，$\overline{xbe(\sigma)}_{\text{BOOL}}^{\text{red}} = \text{true}$ となる．

(4) $xbe \in \text{XBE}(k)$ が true でなければ，$\overline{xbe(\sigma)}_{\text{BOOL}}^{\text{red}} = \text{false}$ となる置換 σ が存在する．(3) と同様な議論で示すことができる．

(5) $xbe_1, xbe_2 \in \text{XBE}(k)$ に対し，xbe_1 と xbe_2 が同等な式（1.6.2 参照）であれば xbe_1 と xbe_2 は関数等価である．つまり，$xbe_1 =_{ac} xbe_2$ であれば $\beta(xbe_1) = \beta(xbe_2)$ である．これは定義から明らかである．

(6) $xbe_1, xbe_2 \in \text{XBE}(k)$ に対し，$\beta(xbe_1) = \beta(xbe_2)$ であれば，$xbe_1 =_{ac} xbe_2$ である．これを示すには，$xbe_1 =_{ac} xbe_2$ でないとして，$\beta(xbe_1) \neq \beta(xbe_2)$ であること，つまり $\overline{xbe_1(\sigma)}_{\text{BOOL}}^{\text{red}} \neq \overline{xbe_2(\sigma)}_{\text{BOOL}}^{\text{red}}$ となる置換 σ が存在すること，を示せばよい．'b_1 xor b_2' は，b_1 と b_2 が等しければ false，異なれば true となるので，$\overline{(xbe_1 \text{ xor } xbe_2)(\sigma)}_{\text{BOOL}}^{\text{red}} = \text{true}$ となる置換 σ に対して，$\overline{xbe_1(\sigma)}_{\text{BOOL}}^{\text{red}} \neq \overline{xbe_2(\sigma)}_{\text{BOOL}}^{\text{red}}$ となる．$xbe_1 =_{ac} xbe_2$ でないので $(xbe_1 \text{ xor } xbe_2)$ は false でなく，(3) から $\overline{(xbe_1 \text{ xor } xbe_2)(\sigma)}_{\text{BOOL}}^{\text{red}} = \text{true}$ となる置換 σ が存在する．

上の (5) と (6) から次の命題が成り立つ．

1.8 組込みモジュール BOOL

> **命題 1.3** [xor-and 標準形] $xbe_1, xbe_2 \in \mathtt{XBE}(k)$ とすると，$xbe_1 =_{ac} xbe_2$ は $\beta(xbe_1) = \beta(xbe_2)$ の必要十分条件である．

命題 1.3 と組込み述語 $\_=\_$ の定義から，$xbe_1, xbe_2 \in \mathtt{XBE(k)}$ に対して，$(xbe_1 = xbe_2) =_{\mathtt{BOOL}} \mathtt{true}$ が，$xbe_1 =_{ac} xbe_2$ の，つまり $\beta(xbe_1) = \beta(xbe_2)$ の，必要十分条件である．

ブール式 $pxbe \in \mathtt{PXBE}(k)$ は任意の置換 $\sigma \in \{\mathtt{true}, \mathtt{false}\}^k$ に対して，$\overline{pxbe(\sigma)}_{\mathtt{BOOL}}^{\mathtt{red}} = \mathtt{true}$ であるとき，つまり b1, b2,…,bk を任意に true, false に置き換えてもその簡約形が true になるとき，**恒真**（**valid**）と言われる．また，$\overline{pxbe(\sigma)}_{\mathtt{BOOL}}^{\mathtt{red}} = \mathtt{true}$ となる，置換 $\sigma \in \{\mathtt{true}, \mathtt{false}\}^k$ が1つでも存在すれば，**充足可能**（**satisfiable**）と言われる．

ブール式 $xbe \in \mathtt{XBE}(k)$ に対し，命題 1.3 と上の (4) からそれが恒真である必要十分条件は $xbe = \mathtt{true}$ であり，命題 1.3 と上の (3) からそれが充足可能である必要十分条件は $xbe \neq \mathtt{false}$ である．

任意の $pxbe \in \mathtt{PXBE}(k)$ に対し，$\overline{pxbe}_{\mathtt{BOOL}}^{\mathtt{red}} \in \mathtt{XBE}(k)$ となり，$\beta(pxbe) = \beta(\overline{pxbe}_{\mathtt{BOOL}}^{\mathtt{red}})$ である．また，恒真性や充足可能性は $\beta(pxbe)$ の性質である．

命題 1.2 から簡約 'red in BOOL : $pxbe_1 = pxbe_2$.' と 'red in BOOL : $pxbe$.' は必ず停止して，'$\overline{pxbe_1}_{\mathtt{BOOL}}^{\mathtt{red}} = \overline{pxbe_2}_{\mathtt{BOOL}}^{\mathtt{red}}$' と $\overline{pxbe}_{\mathtt{BOOL}}^{\mathtt{red}}$ を出力するので，以下の命題が成り立つ．この命題は $\mathtt{PXBE}(k)$ に属するブール式の関数等価性，恒真性，充足可能性を判定する完全な手順（アルゴリズム）を与える．

> **命題 1.4** [ブール式の関数等価性，恒真性，充足可能性]
> - 任意の $pxbe_1, pxbe_2 \in \mathtt{PXBE}(k)$ に対して，'red in BOOL : $pxbe_1 = pxbe_2$.' が true を返すことが，$\beta(pxbe_1) = \beta(pxbe_2)$ の必要十分条件である．
> - 任意の $pxbe \in \mathtt{PXBE}(k)$ に対して，'red in BOOL : $pxbe$.' が true を返すことが，$pxbe$ が恒真であることの必要十分条件である．
> - 任意の $pxbe \in \mathtt{PXBE}(k)$ に対して，'red in BOOL : $pxbe$.' が false を返さないことが，$pxbe$ が充足可能であることの必要十分条件である．

関数等価なブール式の対や恒真なブール式は，ブール代数の演算 _and_, _xor_, _or_, not_, _implies_, _iff_ の間に成り立つ性質を示す．以下の簡約命令（red 命令）はすべて true を出力し，命題論理の性質（命題論理の定理）がモジュール BOOL で確認できる．このように BOOL でブール式の関数等価性や恒真性をチェックすることで，そのブール式で表現された命題論理の性質（命題論理の定理）が正しいかどうかを決定できる．

```
01:   open BOOL .
02:   ops b1 b2 b3 : -> Bool .
03:   red (b1 iff b1) .
04:   red (b1 iff b2) = (not(b1 xor b2)) .
05:   red ((b1 iff b2) iff b3) = (b1 iff (b2 iff b3)) .
06:   red (b1 iff b2) = (b2 iff b1) .
07:   red (b1 iff b2) = ((b1 implies b2) and (b2 implies b1)) .
08:   red ((b1 iff b2) and (b2 iff b3)) implies (b1 iff b3) .
09:   red ((b1 implies b2) and (b2 implies b3))
           implies (b1 implies b3) .
10:   red (b1 implies (b2 implies b3))
         = ((b1 and b2) implies b3) .
11:   red (not (b1 and b2)) = ((not b1) or (not b2)) .
12:   red (not (b1 or b2)) = ((not b1) and (not b2)) .
13:   red ((b1 or b2) and b3) = ((b1 and b3) or (b2 and b3)) .
14:   red ((b1 and b2) or b3) = ((b1 or b3) and (b2 or b3)) .
15:   red ((b1 and b2) iff b1) = (b1 implies b2) .
16:   close
```

第2章

ペアノ自然数と証明スコア法

　この章では，自然数の**帰納的定義**（**inductive definition**）（つまりモデル）と，それを例題にした証明スコアによる検証法について学ぶ．帰納的に定義された自然数は**ペアノ自然数**（**Peano natural number**）と呼ばれ，自然数の標準的な定義とされる．帰納的な定義法は，計算機科学やソフトウェア科学においてもっとも基本的な定義法である．証明スコアによる検証は「すべの場合を網羅する記号テスト」であり，CafeOBJ システムによる**定理証明**（**theorem proving**）を可能とする．

2.1 ペアノ自然数の CafeOBJ 仕様

1.1.2 で見たように，CafeOBJ の組込みモジュール NAT で定義される自然数は，仮想的に無限の要素の上に加算 _+_ や乗算 _*_ が演算表の形で定義されたものであった[1]．この意味で，組込みの NAT は自然数を正しく実現していると仮定して使われるものであり，その定義に基づき加算が可換則や結合則を満たすことなどは証明できない．

自然数の様々な性質を解析し検証するための自然数のモデルとしてペアノ (Giuseppe Peano, 1858-1932) による自然数の定義がある．ペアノ自然数は以下の CafeOBJ モジュール PNAT で定義される．

```
01:  mod! PNAT {
02:    [Nat]
03:    op 0 : -> Nat {constr} .
04:    op s_ : Nat -> Nat {constr} .
05:  }
```

01: の mod! は，モジュール定義の開始を示す CafeOBJ キーワード module の略記形 mod に，このモジュールが意図するモデルを示す記号 '!' が付いたものである．その後に，モジュール名 PNAT と '{' と 05: の '}' で囲まれたモジュールの本体がある．02: でソート記号 Nat が，03: でランク '-> Nat' の演算記号 0 が，04: でランク Nat -> Nat の演算記号 s_ が宣言されている．03: と 04: のランクの宣言の後に '{' と '}' で括って演算属性 (1.2.2 参照) が宣言されている．属性 constr は演算記号がソート Nat の式を構成する構成子であることを示している．

03:-04: の宣言から，s_ を $n (= 0, 1, 2, \ldots)$ 回 0 に適用した以下のような，自然数 n に対応する，文字列がソート Nat の式と定義される (1.2.1 の式の定義を参照)．

$$\underbrace{\mathtt{s\ s\cdots s}}_{n}\ \mathtt{0}$$

確かに 01:-05: を (行番号を除いて) CafeOBJ システムに入力しモジュール PNAT を選択 (select PANT .) すると，以下のような CafeOBJ セッションが得られ，CafeOBJ が 's s...s 0' をソート Nat の式として認識していることが分かる．

---

[1] 実際は 32 ビットまたは 64 ビットで実現できる有限の数に対する演算を実装したもの．

2.1 ペアノ自然数の CafeOBJ 仕様

```
u06:   CafeOBJ> select PNAT .
u07:   PNAT> red 0 .
c08:   -- reduce in PNAT : (0):Nat
c09:   (0):Nat
u10:   PNAT> red s s s 0 .
c11:   -- reduce in PNAT : (s (s (s 0))):Nat
c12:   (s (s (s 0))):Nat
```

CafeOBJでは演算記号から構成される式の集合でモデル化したい対象を記述する．モジュール PNAT はペアノ自然数の集合を，以下の，ソート Nat の式の集合 $\overline{\mathrm{Nat}}$ で表す．

$$\overline{\mathrm{Nat}} = \{0, \mathrm{s}\ 0, \mathrm{s}\ \mathrm{s}\ 0, \mathrm{s}\ \mathrm{s}\ \mathrm{s}\ 0, \cdots\}$$

2.1.1 モジュールのモデル

モデルという術語は様々な意味を持つが，CafeOBJ モジュールのモデルは，そのモジュールで宣言された (a) ソート記号と (b) 演算記号に対応する，(a') 集合と (b') その集合上の演算からなるシステムである．こうしたシステムは**代数**（**algebra**）と呼ばれる．

たとえば，2.1 の $\overline{\mathrm{Nat}}$（ソート Nat の式の集合）と，その上に以下のように定義される，ゼロ引数の演算 0 と一引数の演算 s からなるシステム $(\overline{\mathrm{Nat}}; 0, \mathrm{s})$ は，モジュール PNAT のモデルである．

(1) ゼロ引数の演算（つまり定数）0 は $0 \in \overline{\mathrm{Nat}}$ である．

(2) 一引数の演算 s は入力 $n \in \overline{\mathrm{Nat}}$ に対して出力 's n' $\in \overline{\mathrm{Nat}}$ を返す．

このモデルでは，$0 \in \overline{\mathrm{Nat}}$ を自然数 0，$\overbrace{\text{'s s}\cdots \text{s}}^{n}\text{ 0'} \in \overline{\mathrm{Nat}}$ を自然数 $n > 0$ と見なせば，$\overline{\mathrm{Nat}}$ が，0 に次の自然数を生成する**後者演算**（**successor operator**）s を次々に適用して生成される，自然数の集合であると解釈できる．

構成子の値ソート（コアリティ）であるソートを**制約ソート**（**constrained sort**）と呼び，制約ソートをサブソートとするソートも制約ソートであると定義する．

2.1/01: の mod! の '!' は，モジュールが，以下の 2 つを満たすモデルを**意味する**（**denote**）ことを示す．

(**NJ**) 制約ソートに対応する集合の任意の要素は，宣言された構成子から構成

される式に対応する（ゴミの排除，**no junk**）．
(NC) ソートに対応する集合の任意の要素2つは，等式などで等しいと宣言
されるときのみ等しい（混同の排除，**no confusion**）．

条件 **(NJ)** を満たすモデルを**構成子モデル**（**constructor model**）[2]と呼ぶ．構成子モデルに対しては，構成子の数に関する帰納法（2.4 参照）や構成子に基づく場合分け（5.6 参照）の正しさが保証される．

ソートに対応する集合が演算記号から構成される式の集合であるモデルは**項代数**（**term algebra**）モデル，またはたんに項代数と言われる．CafeOBJではモジュールのモデルとして構成子モデルである項代数だけを考える．

mod! を用いて定義されたモジュールは**きついモデル**（**tight model**）を持つと言われる．上の $(\overline{\text{Nat}}; 0, \text{s})$ は，**(NJ)** と **(NC)** を満たし，PNAT のきついモデルである．

mod! と対をなす mod* は，モジュールが，きついモデルに限定せず，宣言されたソート（式の集合）と演算から構成され，宣言された等式を満たす，すべてのモデル（代数）を意味することを示す．mod* を用いて定義されたモジュールは**ゆるいモデル**（**loose model**）を持つと言われる[3]．

'!' も '*' もない mod は，すべてのモデルを意味する mod* と同じであるが，モデルを強く意識しない，証明スコアのモジュールなどに使う．

mod!，mod*，mod はユーザの意図や意識の違いを示すものであり，CafeOBJ の処理に違いはない．

2.2 ペアノ自然数の等価性判定

次のモジュール PNAT= の2つの等式（04:，05:）は，2つのペアノ自然数の等価性を判定する等価述語 _=_ を定義する．

```
01:  mod! PNAT= {
02:   pr(PNAT)
03:   op _=_ : Nat Nat -> Bool {comm} .
```

---

[2] 到達可能モデル（reachable model）と呼ばれることが多いが，本書では CafeOBJ における構成子の役割を明確にするために構成子モデルと呼ぶ．

[3] mod* を使ったモジュールの例は 3.1 参照．

```
04:    eq (0 = s Y:Nat) = false .
05:    eq (s X:Nat = s Y:Nat) = (X = Y) .
06:  }
```

02:は，モジュール PNAT= がすでに定義されたモジュール PNAT を **pr** モード (**pr mode**) で輸入 (**import**) し，サブモジュールとすることを示している．

pr モード (pr は protecting の略記) は，輸入するモジュール (PNAT=) のモデルが輸入されるサブモジュール (PNAT) のモデルに対して，次の2つ条件 (**nj**) と (**nc**) を満たすことを宣言している．

(**nj**) どのソートにも新たな要素を加えない．
(**nc**) どのソートのどの2つの要素の間にも新たな等価性を導入しない．

pr モードの宣言はユーザの意図の宣言であり，**CafeOBJ** システムは (**nc**) や (**nj**) のチェックはしない．

2.1/01:-05:のモジュール PNAT のモデルでは，ソート Nat の要素は $\overbrace{\text{s s}\cdots\text{s}}^{n}$ 0 の形をした式であり，n が異なれば異なる要素であった．等価述語 _=_(03:) はこのモデルのソート Nat 上の等価性を表現することを意図している．すなわち，ソート Nat の式 $n_1, n_2 \in \overline{\text{Nat}}$ に対してブール式 'n_1 = n_2' は，n_1 と n_2 に含まれる s_ の数が等しければ true になり，異なれば false になる．したがって，PNAT= のモデルは PNAT のモデルに新たな等価性を導入していない．

03:は _=_ をはランク 'Nat Nat -> Bool' と属性 comm を持つ演算と宣言する．comm は commutative の略記で，この演算が可換則を満たす，つまり任意の x と y について 'x = y' と 'y = x' の値は常に等しい，ことを宣言している（可換則については 1.2.2 参照）．

_=_ は，任意のソートを表す **CafeOBJ** の組込みソート変数 *Cosmos* を用いて，ランク '*Cosmos* *Cosmos* -> Bool' と属性 comm を持つ組込み演算として，モジュール BOOL のサブモジュール EQL で宣言されている．組込みモジュール BOOL はユーザが定義するどのモジュールにも自動的に輸入され[4]，ソート Bool や演算 '_=_: *Cosmos* *Cosmos* -> Bool' は輸入宣言することなしに常に利用可能である．

---

[4] CafeOBJ システムをカスタマイズするスイッチを 'set include BOOL on' とすることで実現されている．

'_=_: *Cosmos* *Cosmos* -> Bool' については以下の等式が宣言されており，どんなソートのどんな式 e についても 'e = e' は true と定義される．

```
07:    eq (CUX:*Cosmos* = CUX) = true .
```

03: のように '_=_: Nat Nat -> Bool' を宣言することで，07: の等式は，モジュール PNAT= で，'eq (CUX:Nat = CUX) = true .' のように *Cosmos* が Nat に具体化された等式として宣言される．これは，'select PNAT= .' の後に，'show op _=_ .' を実行すると確認できる（3.3 参照）．

Nat の要素，つまりソート Nat の式，の等価性は 04:, 05:, 07: の3つの等式で定義される．04: の1つ目，07: の1つ目，05: の1つ目と3つ目の '=' が Bool 値を返す等価述語 _=_ を示す．それ以外の '=' は CafeOBJ 言語の等式を構成するキーワードである．

等式を左辺から右辺への書換え規則として見ると，04: と 05: の2つの等式が，2つの入力が等しくない場合をカバーし，07: の等式が，2つの入力が等しい場合をカバーしていることがわかる．したがって，モジュール PNAT= においては，ソート Nat の任意の要素（式）$n1$, $n2$ について，'$n1$ = $n2$' は必ず true または false に簡約される．

以下の CafeOBJ セッションは等価性判定の例を示す．

```
u08:   PNAT> select PNAT= .
u09:   PNAT=> red s s 0 = s s 0 .
c10:   -- reduce in PNAT= : ((s (s 0)) = (s (s 0))):Bool
c11:   (true):Bool


u12:   PNAT=> red s 0 = s s s 0 .
c13:   -- reduce in PNAT= : ((s 0) = (s (s (s 0)))):Bool
c14:   (false):Bool


u15:   PNAT=> red s s s 0 = s 0 .
c16:   -- reduce in PNAT= : ((s (s (s 0))) = (s 0)):Bool
c17:   (false):Bool
```

練習問題2.1 [未使用定数を含むペアノ自然数の等価性]

未使用定数 c を導入しそれに演算 s_ を適用して得られる式の等価性を判定する red 命令 'red s c = c .' は，以下のように，期待される false ではなく ((s c) = c) を出力する．

```
open PNAT= .
op c : -> Nat .
red s c = c . --> ((s c) = c)
close
```

モジュール PNAT= の等価述語 _=_ の定義を詳細化して c，'s c'，'s s c'，… の形をした任意の2つの式 nc_i, nc_j に対して 'red nc_i = nc_j .' が必ず true または false を出力するようにせよ．未使用定数 c に依存する定義でなく，どのような未使用定数に対しても有効な定義とすること．すなわち，新たに導入された未使用定数 d に対しても d, 's d', 's s d', … の形をした任意の2つの式 nd_i, nd_j に対して 'red nd_i = nd_j .' が必ず true または false を出力するようにせよ．（ヒント）「小さいか等しい」を判定する述語 _=<_ を導入せよ．□

2.2.1　$(e =_M e')$ と $((e=e') =_M \text{true})$

CafeOBJ では，等式を用いて等価性を定義し，分析したい性質を記述した式の等価性を，それらの等式に基づき推論することで検証を行う．

「モジュール M の等式から基底式 e と e' が等価であると推論できる」ことを $(e =_M e')$ と記す．$(e =_M e')$ は，e_i が e_j へ簡約されるという関係 $(e_i \overset{*}{\Rightarrow}_M e_j)$（定義1.3参照）を用いて，以下のように定義される．

(EQ) $(e =_M e') \overset{\text{def}}{=}$ $(\exists n \in \{1, 2, \ldots\}(\exists e_1, e_2, \ldots, e_{2n-1}$
$(((e \overset{*}{\Rightarrow}_M e_1) \text{ and } (e_2 \overset{*}{\Rightarrow}_M e_1)) \text{ and } \cdots \text{ and }$
$((e_{2i-2} \overset{*}{\Rightarrow}_M e_{2i-1}) \text{ and } (e_{2i} \overset{*}{\Rightarrow}_M e_{2i-1})) \text{ and } \cdots$
$\text{and } ((e_{2n-2} \overset{*}{\Rightarrow}_M e_{2n-1}) \text{ and } (e' \overset{*}{\Rightarrow}_M e_{2n-1}))))$

すなわち，ある $n \in \{1, 2, \ldots\}$ が存在し，$(2n-1)$ 個の式の列 $e_1, e_2, \ldots, e_{2n-1}$ が存在して，任意の $i \in \{1 \cdots n\}$ に対して $(e_{2i-2} \overset{*}{\Rightarrow}_M e_{2i-1})$ かつ $(e_{2i} \overset{*}{\Rightarrow}_M e_{2i-1})$（ただし $(e = e_0)$，$(e' = e_{2n})$）であることが，$(e =_M e')$ の定義である．これは「e と e' が，簡約関係とその逆関係を切り替えつつ，$e_1, e_2, \ldots, e_{2n-1}$ を経由して結び付く」ことを意味する．モジュール M で成

り立つ定理（等式）を必要に応じて追加しなくてはならず，任意の e, e' について $(e =_M e')$ を判定するアルゴリズムは存在しない．

等価述語 _=_ は組込みモジュール EQL で以下のように定義されている[5]．

```
01:   pred _=_ : *Cosmos* *Cosmos* {comm prec: 51} .
02:   eq (CUX:*Cosmos* = CUX) = true .
03:   ceq [:nonexec]: CUX:*Cosmos* = CUY:*Cosmos* if (CUX = CUY) .
04:   eq (true = false) = false .
```

pred は predicate（述語）を表す **CafeOBJ** のキーワードであり，01: は以下の略記である．

```
   op _=_ : *Cosmos* *Cosmos* -> Bool {comm prec: 51} .
```

02: は，2.2/07: であり，任意のモジュール M に対して，$(e =_M e')$ ならば $((e = e') =_M \text{true})$ であることを宣言している．

03: は，条件付き等式であり，if の後の Bool 式が true のときだけ，if の前の等式が成り立つことを宣言する．[:nonexec] は等式のラベルの宣言であり，この等式が，書換え規則としては有効でなく，実行不能な等式であることを示している．この条件付き等式は，任意のモジュール M に対して，$((e = e') =_M \text{true})$ ならば $(e =_M e')$ であることを宣言している．

:nonexec をラベルに含む等式は，そのままでは簡約（書換え）には用いられないが，(1) 仕様や証明スコアに関する論理的な宣言として意味を持ち，(2) それを具体化することで実行可能な等式が生成できる．

04: は，ソート Bool の 2 つの定数構成子 true と false に対して，(true = false) が false と等価であることを宣言している．

以上のように $((e = e') =_M \text{true})$ と $(e =_M e')$ は論理的に等価であり，証明スコアは，多くの場合，$((e = e') =_M \text{true})$ や $(e =_M e')$ の十分条件である $((e = e') \stackrel{\text{rd}}{\Rightarrow}_M \text{true})$ や $(e \stackrel{\text{rd}}{\Rightarrow}_M e')$ を証明するための **CafeOBJ** コードである．

---

[5] ceq は cq と略記可能である．

2.2.2　2つの等価性判定述語_=_と_==_

CafeOBJ には，_=_ だけでなく，同じランク '*Cosmos* *Cosmos* -> Bool' を持つ別の等価性判定述語 _==_ が組み込まれている．

モジュール M の基底式 e_1, e_2 に対して，e_1 の red 値 $\overline{e_1}_M^{\text{red}}$ と e_2 の red 値 $\overline{e_2}_M^{\text{red}}$ が同等（つまり $\overline{e_1}_M^{\text{red}} =_{ac} \overline{e_2}_M^{\text{red}}$）であれば，'$e_1$=$e_2$' の red 値 $\overline{e_1=e_2}_M^{\text{red}}$ と 'e_1==e_2' の red 値 $\overline{e_1==e_2}_M^{\text{red}}$ は共に true である．しかし，$\overline{e_1}_M^{\text{red}} =_{ac} \overline{e_2}_M^{\text{red}}$ でなければ，$\overline{e_1=e_2}_M^{\text{red}}$ は '$\overline{e_1}_M^{\text{red}}$=$\overline{e_2}_M^{\text{red}}$' となり，$\overline{e_1==e_2}_M^{\text{red}}$ は false となる．

's s ... s 0' のような形をしたソート Nat の式（2.1 参照）n_1, n_2 については，モジュール PNAT= において，'n_1=n_2' と 'n_1==n_2' は同じ red 値を持つ．しかし，n_1, n_2 が未使用定数を含むときは，以下のように 'n_1=n_2' と 'n_1==n_2' の red 値は異なることがあり，注意を要する．

以下の CafeOBJ コードは，2.2 の PNAT= をオープンし，ソート Nat の未使用定数 c1, c2 を導入し，それらに対して，'s c1 = s s s c2' と 's c1 == s s s c2' の red 値を求めている．

```
01:   open PNAT= .
02:   ops c1 c2 : -> Nat .
03:   red s c1 = s s s c2 .
04:   red s c1 == s s s c2 .
05:   close
```

03: を実行すると，'s c1 = s s s c2' の red 値が 'c1 = (s (s c2))' であることが示される．命題 1.1 から，これは任意の c1, c2 に対して 's c1 = s s s c2' と 'c1 = s s c2' が等価であることがモジュール PNAT= の等式から推論されたことを意味する．

04: を実行すると，'s c1 == s s s c2' の red 値が false であることが示される．しかし，これは，適用可能な等式を用いて 's c1 == s s s c2' が false に簡約されたことを意味せず，「両辺の red 値が異なれば false を返す」という組込み述語 _==_ の定義に基づき，'s c1 == s s s c2' の値を 'false' としただけである．したがって，任意の c1, c2 に対して 's c1 == s s s c2' と false が等価であることが，PNAT= の等式から推論されるわけではない．

実際，もし未使用定数 c1, c2 に対して 's c1 == s s s c2' と false が等

価であることが適用可能な等式から推論されたとすると，c1 を s s 0 とし c2 を 0 とすれば，'s c1 == s s s c2' は 's s s 0 == s s s 0' つまり true となる．したがって，true と false が等価であることが PNAT= の等式からから推論されることになり，PNAT= の等式が矛盾していることになるが，実際には PNAT= の等式は矛盾していない．

_=_ の機能が，組込みの等式（2.2.1/02:-04:）とユーザが与えた等式による推論で定義されるのに対し，_==_ が false を返す機能は PNAT= の等式による推論だけでは定義できない．したがって，未使用定数を含み組込み述語 _==_ が最外演算である式が false に簡約されるときは，上で説明した _==_ の定義がユーザの意図と整合しているかを特に注意する必要がある．

2.3　ペアノ自然数の加算

2 つのペアノ自然数の加算は以下のモジュール PNAT+ で定義される．

```
01:  mod! PNAT+ {
02:    pr(PNAT=)
03:    op _+_ : Nat Nat -> Nat {r-assoc} .
04:    eq 0 + Y:Nat = Y .
05:    eq (s X:Nat) + Y:Nat = s(X + Y) .
06:  }
```

03: でランク 'Nat Nat -> Nat' と属性 r-assoc（1.2.2 参照）を持つ演算記号 _+_ が宣言され，その機能が 04:-05: の 2 つの等式で定義されている．この 2 つの等式を左辺から右辺への書換え規則としてみると，左辺の _+_ の 1 番目の引数が，ソート Nat の 2 つの構成子に基づき，0（04:）とそれ以外（s X:Nat）（05:）に網羅的に場合分けされている．したがって，05: の等式を何回か適用して最後に 04: の等式を適用することで演算記号 _+_ を必ず除去できる．これから，式が演算記号 _+_ を何個含んでいても，04:-05: の等式を繰り返し適用することで，すべての _+_ を消し去り，その式を 's s...s 0' の形のペアノ自然数を表す式に簡約できる．

モジュール M において，任意の制約ソートのどんな基底式に対してもそれと等価な構成子（constr 属性付きの演算記号）のみから構成される式が存在するとき，M は十分完全（**sufficiently complete**）であると言われる．たとえば

モジュール PNAT+ は十分完全である．

　モジュールが十分完全であるかを判定するアルゴリズムは存在しないので，十分完全性を一般的に判定するのは不可能である．しかし，十分完全性を保証する十分条件を満たすようにモジュールを作成することは可能である．

　十分完全性は重要なテーマであるが，本書ではその詳細に立ち入ることはせず，2.11.1 でその判定法を例題で説明する．

　01:-06: を入力した後で，モジュール PNAT+ は以下のようにテストできる．

```
u07:    PNAT> select PNAT+ .
u08:    PNAT+> red s s 0 + s s s 0 + s s s s 0 .
c09:    -- reduce in PNAT+ :
        ((s (s 0)) + ((s (s (s 0))) + (s (s (s (s 0)))))):Nat
c10:    (s (s (s (s (s (s (s (s (s 0)))))))))):Nat
u11:    PNAT+> red s s 0 + s s s 0 + s s s s 0 = s s s s s s s s s 0 .
c12:    -- reduce in PNAT+ :
        (((s (s 0)) + ((s (s (s 0))) + (s (s (s (s 0)))))) =
        (s (s (s (s (s (s (s (s (s 0)))))))))):Bool
c13:    (true):Bool
```

　属性 r-assoc が宣言されているので，2 項演算 _+_ は右側に結合することが，c09: と c12: に示されている．

2.4　加算の右 0 の証明

　モジュール M で等式 'eq X:Nat + 0 = X .' が成り立つとき，つまり ($\forall x \in$ Nat ('$x+0$'$=_M x$)) すなわち ($\forall x \in$ Nat ('$x+0=x$'$=_M$ true)) が成り立つとき (2.2.1 参照)，加算 _+_ はモジュール M で右 0 を満たすという．左 0 を意味する等式 2.3/04: 'eq 0 + Y:Nat = Y .' で加算 _+_ が定義されるモジュール PNAT+ で右 0 が満たされるかは自明でなく，その証明には帰納的な推論が必要となる．

　右 0 は，ソート Nat の式 's s ... s 0' に含まれる構成子 s_ の数に関する**帰納法（induction）**で証明される．すなわち，[**帰納ベース（induction base）**] 0 について成り立つ，[**帰納ステップ（induction step）**] m について成り立つことを仮定すれば $m+1$ について成り立つ，という 2 つを示すことにより，帰納的な推論で証明される．

　次のセッション u01:-c04: は，('0 + 0 = 0' $\overset{\text{rd}}{\Rightarrow}_{\text{PNAT+}}$ true) となることを証

明している．u02:の'0 + 0'に等式2.3/04:'eq 0 + Y:Nat = Y .'が書換え規則として適用され'0 = 0'が得られ，さらに等式2.2/07:'eq (CUX:*Cosmos* = CUX) = true .'が書換え規則として適用されtrueが得られる．命題1.1から，('0 + 0 = 0' $\stackrel{\text{rd}}{\Rightarrow}_{\text{PNAT+}}$ true) は ('0 + 0 = 0' $=_{\text{PNAT+}}$ true) の十分条件なので，0に対しては右0が成り立つことが証明される．

```
u01:    PNAT=> select PNAT+ .
u02:    PNAT+> red 0 + 0 = 0 .
c03:    -- reduce in PNAT+ : ((0 + 0) = 0):Bool
c04:    (true):Bool
```

次のセッションu05:-c13:はu07:で未使用定数nを宣言し，u08:-c11:でそのnに対して右0が成り立つことを仮定すれば，(u08: 'eq n + 0 = n .') 's n'についても，右0の十分条件(u09:-c11: '(s n) + 0 = s n' $\stackrel{\text{rd}}{\Rightarrow}_{\text{PNAT+}}$ true) が成り立つことを証明している．u08:の'eq n + 0 = n .'のような帰納ステップでの仮定を，**帰納仮定（induction hypothesis）**と言う．

```
u05:    PNAT+> open PNAT+ .
c06:    -- opening module PNAT+.. done.
u07:    %PNAT+> op n : -> Nat .
u08:    %PNAT+> eq n + 0 = n .
u09:    %PNAT+> red (s n) + 0 = s n .
c10:    -- reduce in %PNAT+ : (((s n) + 0) = (s n)):Bool
c11:    (true):Bool
u12:    %PNAT+> close
c13:    PNAT+>
```

nは未使用定数[6]なので，nをソートNatの任意の要素's s ... s 0'に置き換えても，上のセッションが示すc11:の簡約結果trueに至る書換え列の存在が保証され，置き換えた後でもtrueが簡約形であることが証明される．ただし，red命令は入力に応じて書換え列を変える可能性があるので，nを's s ... s 0'に置き換えてred命令を実行したときに，置き換える前と同じ書換え列が実行される保証はない．

u01:-c04:により ('0 + 0 = 0' $=_{\text{PNAT+}}$ true) つまり 'eq 0 + 0 = 0 .' はすでに証明されている．これから，セッションu05:-c12:でnを0に置き換え，帰

---

[6] 未使用定数は証明を目的とした証明スコアで用いられるので未使用証明定数とも呼ばれる．

2.4 加算の右0の証明

納仮定 u08: が等式 'eq 0 + 0 = 0 .' となるセッションから，('s 0 + 0 = s 0' $\stackrel{\text{rd}}{\Rightarrow}_{\text{PNAT+}}$ true) が証明され，('s 0 + 0 = s 0' $=_{\text{PNAT+}}$ true) つまり 'eq s 0 + 0 = s 0 .' が証明される．

さらに，セッション u05:-c12: で n を 's 0' に置き換え，帰納仮定 u08: が等式 'eq s 0 + 0 = s 0 .' となるセッションから，('s s 0 + 0 = s s 0' $\stackrel{\text{rd}}{\Rightarrow}_{\text{PNAT+}}$ true) が証明され，('s s 0 + 0 = s s 0' $=_{\text{PNAT+}}$ true) つまり 'eq s s 0 + 0 = s s 0 .' が証明される．

以上を何度でも繰返すことができ，任意の 's s ... s 0' $\in$ Nat に対して0が右0であることが証明される．すなわち，帰納ベースからはじめて帰納ステップを何回でも繰返すことができ，帰納法による証明の正しさが保証される．

以上の議論から，上の u01:, u02:, u05:, u07:, u08:, u09:, u12: と2つのコメント行からなる以下の **CafeOBJ** コードを実行し，それに含まれる2つの red 命令が true を返せば「モジュール **PNAT+** で加算_+_は右0を満たす」ことが証明される．これは帰納法を用いた証明スコアの典型例であり，u01:-u02: が帰納ベースに，u05:-u12: が帰納ステップに対応する．

```
         --> induction base
u01:     select PNAT+ .
u02:     red 0 + 0 = 0 .
         --> induction step
u05:     open PNAT+ .
u07:     op n : -> Nat .
u08:     eq n + 0 = n .
u09:     red (s n) + 0 = s n .
u12:     close
```

命令 'set trace whole on' を実行した後に，上の証明スコアを実行すると，u09: の '(s n) + 0 = s n' から c11: の true への簡約の様子を示す，以下の全体トレースが表示される．実際の出力を見やすく整形している．

```
c14:    -- reduce in %PNAT+ :
           (((s n) + 0) = (s n)):Bool
c15:    ---> ((s (n + 0)) = (s n)):Bool
c16:    ---> ((s n) = (s n)):Bool
c17:    ---> (n = n):Bool
c18:    ---> (true):Bool
```

c14:-c15: には等式 2.3/05: 'eq (s X:Nat) + Y:Nat = s(X + Y) .' が，c15:-c16: には帰納法の仮定の等式 u08: 'eq n + 0 = n .' が，c16:-c17: には Nat の帰納的構造に基づき '(s(X:Nat) = s(Y:Nat))' を '(X = Y)' に帰着させる等式 2.2/05: 'eq (s(X:Nat) = s(Y:Nat)) = (X = Y) .' が，c17:-c18: には等式 2.2/07: 'eq (CUX: *Cosmos* = CUX) = true .' が，それぞれ適用されている．

2.5 加算の右 s_ の証明

モジュール M で等式 'eq X:Nat + s Y:Nat = s (X + Y) .' が成り立つとき，つまり ($\forall x, y \in$ Nat ('x + s y' $=_M$'s $(x + y)$')) すなわち ($\forall x, y \in$ Nat ('x + s y = s $(x + y)$' $=_M$ true)) が成り立つとき (2.2.1 参照)，加算 _+_ はモジュール M で右 s_ を満たすという．左 s_ を意味する等式 2.3/05: 'eq (s X:Nat) + Y:Nat = s(X + Y) .' で加算 _+_ が定義されるモジュール PNAT+ で右 s_ が満たされるかは自明でなく，その証明にも帰納的な推論が必要である．

以下は，モジュール PNAT+ での加算の右 s_ の証明のための，正しくかつ有効な証明スコアである．01:-05: が帰納ベースに，06:-14: が帰納ステップに対応する．09:-10: が帰納仮定の宣言であり，12:-13: が帰納仮定のもとでの帰納ステップのチェックである．

この証明スコアは「それに含まれる 2 つの簡約 (reduction) 04: と 13: が true になれば証明が成立する」という意味で論理的に正しく (correct)，「CafeOBJ に実行させるとそれに含まれる 2 つの red 命令 04: と 13: の結果が true となる」という意味で有効 (effective) である．仕様の性質を検証するためには，正しくかつ有効な証明スコアを作成する必要がある．特に断らない限り，「有効な証明スコア」は「正しくかつ有効な証明スコア」を意味する．

```
01:    --> induction base
02:    open PNAT+ .
03:    op y : -> Nat .
04:    red 0 + (s y) = s (0 + y) .
05:    close
06:    --> induction step
07:    open PNAT+ .
08:    -- induction hypothesis
```

2.5 加算の右 s_ の証明

```
09:    op n : -> Nat .
10:    eq n + (s Y:Nat) = s (n + Y) .
11:    -- check the step
12:    op y : -> Nat .
13:    red (s n) + (s y) = s ((s n) + y) .
14:    close
```

01:-14:の証明スコアは，モジュール PNAT+ で等式 'eq X:Nat + s Y:Nat = s (X + Y) .' が成り立つことを，'X:Nat' に含まれる構成子 s_ の数に関する帰納法で証明する．

03:の 'y' は未使用定数なので，02:-05:を実行して，04:の簡約結果が true であれば，$(\forall y \in \mathtt{Nat}\,($'0 + s y = s (0 + y)' $\Rightarrow_{\text{PNAT+}}$ true$))$ となり，$(\forall y \in \mathtt{Nat}\,($'0 + s y = s (0 + y)' $=_{\text{PNAT+}}$ true$))$ が成り立つので，帰納ベースが証明される．

09:で導入された未使用定数 n に対して，等式 10:を宣言することは，$(\forall y \in \mathtt{Nat}\,($'n + s y' $=_{\text{PNAT+}}$'s (n + y)'$))$ が成り立つこと，簡約に関しては $(\forall y \in \mathtt{Nat}\,($'n + s y' $\Rightarrow_{\text{PNAT+}}$'s (n + y)'$))$ であること，を仮定する．

12:の y は未使用定数なので，13:の簡約結果が true であれば $(\forall y \in \mathtt{Nat}\,($'s n + s y = s (s n + y)' $\Rightarrow_{\text{PNAT+}}$ true$))$ となり，$(\forall y \in \mathtt{Nat}\,($'s n + s y = s (s n + y)' $=_{\text{PNAT+}}$ true$))$ が成り立つ．

したがって，07:-14:を実行して 13:の簡約結果が true であれば，
$(\forall n \in \mathtt{Nat}$
 $((\forall y \in \mathtt{Nat}\,($'n + s y = s (n + y)' $=_{\text{PNAT+}}$ true$))$
 implies
 $(\forall y \in \mathtt{Nat}\,($'s n + s y = s (s n + y)' $=_{\text{PNAT+}}$ true$))))$

が成り立ち，帰納ステップが証明される．

命令 'set trace whole on' を実行した後に 02:-05:を実行すると，簡約 04:の全体トレースを示す以下の c15:-c21:が得られる．さらに，命令 'set trace on' を実行し，07:-14:を実行すると，適用される等式と変数の値への**置換（substitution）**を含む，簡約 13:のトレースを示す以下の c22:-c50:が得られる[7]．いずれも実際の出力から重複する情報を削除し整理したものである．

---

[7] 'set trace on' の効果を取り消し，適用される等式と置換の表示を止めるには 'set trace off' を実行する．

```
c15:    --> induction base
c16:    -- reduce in %PNAT+ :
c17:        ((0 + (s y)) = (s (0 + y))):Bool
c18:    ---> ((s y) = (s (0 + y))):Bool
c19:    ---> ((s y) = (s y)):Bool
c20:    ---> (y = y):Bool
c21:    ---> (true):Bool


c22:    --> induction step
c23:    -- reduce in %PNAT+ :
c24:        (((s n) + (s y)) = (s ((s n) + y))):Bool
c25:    1>[1] rule: eq ((s X:Nat) + Y:Nat) = (s (X + Y))
c26:        { X:Nat |-> n, Y:Nat |-> (s y) }
c27:    1<[1] ((s n) + (s y)):Nat --> (s (n + (s y))):Nat
c28:    ---> ((s (n + (s y))) = (s ((s n) + y))):Bool
c29:    1>[2] rule: eq (n + (s Y:Nat)) = (s (n + Y))
c30:        { Y:Nat |-> y }
c31:    1<[2] (n + (s y)):Nat --> (s (n + y)):Nat
c32:    ---> ((s (s (n + y))) = (s ((s n) + y))):Bool
c33:    1>[3] rule: eq ((s X:Nat) + Y:Nat) = (s (X + Y))
c34:        { X:Nat |-> n, Y:Nat |-> y }
c35:    1<[3] ((s n) + y):Nat --> (s (n + y)):Nat
c36:    ---> ((s (s (n + y))) = (s (s (n + y)))):Bool
c37:    1>[4] rule: eq ((s X:Nat) = (s Y:Nat)) = (X = Y)
c38:        { X:Nat |-> (s (n + y)), Y:Nat |-> (s (n + y)) }
c39:    1<[4] ((s (s (n + y))) = (s (s (n + y)))):Bool
c40:        --> ((s (n + y)) = (s (n + y))):Bool
c41:    ---> ((s (n + y)) = (s (n + y))):Bool
c42:    1>[5] rule: eq ((s X:Nat) = (s Y:Nat)) = (X = Y)
c43:        { X:Nat |-> (n + y), Y:Nat |-> (n + y) }
c44:    1<[5] ((s (n + y)) = (s (n + y))):Bool
c45:        --> ((n + y) = (n + y)):Bool
c46:    ---> ((n + y) = (n + y)):Bool
c47:    1>[6] rule: eq (CUX:*Cosmos* = CUX) = true
c48:        { CUX:*Cosmos* |-> (n + y) }
c49:    1<[6] ((n + y) = (n + y)):Bool --> (true):Bool
c50:    ---> (true):Bool
```

c15:-c21:は 2.4/c14:-c18:と同様に解読できる.

c24:-c28:は，式 c24:'(((s n) + (s y)) = (s ((s n) + y)))' から式 c28:'((s (n + (s y))) = (s ((s n) + y)))' への 1 回の書換えに関する情報を表示している．c25:は適用される等式 'eq ((s X:Nat) + Y:Nat) = (s (X + Y)).' を，c26:はその等式を式 24:に適用するための変数の値への置

換'{ X:Nat |-> n, Y:Nat |-> (s y) }'を示す[8]．c27:は，等式c25:を置換c26:で具体化した等式'eq ((s n) + (s y)) = (s (n + (s y))) .'を，式c24:の部分式'((s n) + (s y))'に適用して得られる書換え'((s n) + (s y)):Nat --> (s (n + (s y))):Nat'を示す．書換えc27:を式c24:に適用すれば式c28:が得られる．

c28:-c32:, c32:-c36:, c36:-c41:, c41:-c46:, c46:-c50:は引き続く5回の書換えに対する同様の情報を示している．

練習問題2.2 [トレース-1] c28:-c32:, c32:-c36:, c36:-c41:, c41:-c46:, c46:-c50:に示された5回の書換えに関する情報を，上に示されたc24:-c28:のように解読せよ．□

2.6 加算の可換則の証明

モジュール M で等式 'eq X:Nat + Y:Nat = Y + X .' が成り立つとき，つまり $(\forall x, y \in \text{Nat } ('x + y' =_M 'y + x'))$ すなわち $(\forall x, y \in \text{Nat } ('x + y = y + x' =_M \text{true}))$ が成り立つとき（2.2.1参照），加算_+_はモジュール M で可換則を満たすという．

以下は，モジュールPNAT+で等式 'eq X:Nat + Y:Nat = Y + X .' が成り立つことをX:Natに含まれる構成子s_の数に関する帰納法で証明する，有効な証明スコアである．

```
01:    --> induction base
02:    open PNAT+ .
03:    -- already proved property
04:    eq X:Nat + 0 = X .
05:    -- check the base
06:    op y : -> Nat .
07:    red 0 + y = y + 0 .
08:    close
09:    --> induction step
10:    open PNAT+ .
11:    -- induction hypothesis
```

---

[8] 変数を値で置き換える「置換」を，変数に値を代入する「代入」と呼ぶ立場もあるが，本書では「置換」という用語で統一する．

```
12:    op n : -> Nat .
13:    eq n + Y:Nat = Y + n .
14:    -- already proved property
15:    eq X:Nat + (s Y:Nat) = s (X + Y) .
16:    -- check the step
17:    op y : -> Nat .
18:    red (s n) + y = y + (s n) .
19:    close
```

01:-08 が帰納ベースに対応する．04:はすでに証明された右 0 を宣言しており，07:の簡約が true になれば帰納ベースが証明される．

09:-19 が帰納ステップに対応する．12:-13:が帰納仮定を，15:がすでに証明された右 s_ を宣言しており，18:の簡約が true になれば帰納ステップが証明される．

以下は上の 07:と 18:に対する，'set trace whole on' とした，全体トレースである．

```
c20:   -- reduce in %PNAT+ :
       ((0 + y) = (y + 0)):Bool
c21:   ---> (y = (y + 0)):Bool
c22:   ---> (y = y):Bool
c23:   ---> (true):Bool
```

```
c24:   -- reduce in %PNAT+ :
       (((s n) + y) = (y + (s n))):Bool
c25:   ---> ((s (n + y)) = (y + (s n))):Bool
c26:   ---> ((s (y + n)) = (y + (s n))):Bool
c27:   ---> ((s (y + n)) = (s (y + n))):Bool
c28:   ---> ((y + n) = (y + n)):Bool
c29:   ---> (true):Bool
```

練習問題 2.3 [トレース-2]　全体トレース（trace whole）とトレース（trace）を共に on にして 01:-19:を実行することで以下を確かめよ．

- c21:-c22:に右 0 の等式 04:が適用されている．
- c25:-c26:に帰納仮定の等式 13:が適用されている．
- c26:-c27:に右 s_ の等式 15:が適用されている．□

2.6 加算の可換則の証明

2.6.1 未使用定数を含む式の簡約

1.5.1 で説明した通り，未使用定数は任意の要素を記号的に示しており，未使用定数を含んだ式に対する書換え列がその定数を同じソートの任意の要素で置き換えた式についてもそのまま適用できることが保証される．**CafeOBJ** の **red** 命令は入力に応じて書換え列が変わる可能性があるので，未使用定数を任意の要素で置き換えた式の **red** 値が置換え前と同じになる保証はないが，同じ結果になる書換え列（簡約）の存在が保証される．したがって，命題 1.1 から，未使用定数を含んだ式 e_1 の **red** 値が e_2 であり，e_1 と e_2 でその定数を同じソートの任意の要素で置き換えた式をそれぞれ e_3 と e_4 とすると，e_3 と e_4 は等価であることが証明される．これは証明スコアの基本原理の1つである．

以下のモジュール `PNAT=c` は `PNAT=` を輸入してソート `Nat` に未使用定数 `c` を付け加える．

```
01:  mod PNAT=c {
02:    ex(PNAT=)
03:    op c : -> Nat .
04:  }
```

02: の ex は，2.2/02: の pr モードを規定した「条件 (nj) どのソートにも新たな要素を加えない」は満たさなくてもよいが，「条件 (nc) どのソートのどの2つの要素の間にも新たな等価関係を導入しない」を満たして `PNAT=` を輸入することを宣言している．こうした制約を満たす輸入を **ex モード**（**ex mode**）の輸入と呼ぶ．ex は extending の略記である．ex はユーザの意図の宣言であり，CafeOBJ は (nj) や (nc) のチェックはしない．

モジュール `PNAT=c` で以下のセッションが得られる．

```
u05:  PNAT=c> red s c = s c .
c06:  (true):Bool
u07:  PNAT=c> red c = s c .
c08:  (c = (s c)):Bool
```

u05:-u06: は 's c = s c' の **red** 値が `true` であることを示している．c は未使用定数なので，これは ($\forall c \in$ `Nat` ('s c = s c' $=_{\text{PNAT=c}}$ `true`)) がモジュール

PNAT=c の等式（つまりモジュール PNAT=の等式）による簡約により証明されたことを意味する．

同様に 'c = s c' の red 値が false となり ($\forall c \in$ Nat ('c = s c' $=_{\text{PNAT=c}}$ false)) が証明されることが期待される．しかし，u07:-u08:が示す通り，PNAT=の等式では期待する red 値は得られない．

以下のモジュール PNAT=<c の等式は 'c = s s ... s c' を false に簡約する．

```
09:   mod PNAT=<c {
10:     inc(PNAT=c)
11:     pred _=<_ : Nat Nat
12:     eq X:Nat =< X = true .
13:     eq X:Nat =< s X = true .
14:     eq s X:Nat =< X = false .
15:     eq s X:Nat =< s Y:Nat = X =< Y .
16:     cq X:Nat =< s Y:Nat = true if X =< Y .
17:     cq s X:Nat =< Y:Nat = false if Y =< X .
18:     eq (X:Nat = Y:Nat) = (X =< Y and Y =< X) .
19:   }
```

10:inc は，条件 (nc) を満たさず 'PNAT=c' を輸入することを宣言している．11:-18:は，たとえば ('c = s c' $=_{\text{PNAT=<c}}$ false) といった，_=$_{\text{PNAT=c}}$_ にはない新しい等価関係を定義するので，確かに (nc) を満たさない．(nc) を満たさない輸入を inc モードの輸入と呼ぶ．inc は including の略記である．inc はユーザの意図の宣言であり，CafeOBJ は (nj) や (nc) のチェックはしない．

PNAT=<c に関する以下の証明スコアを実行すると false が出力され，($\forall c \in$ Nat ('c = s c' $=_{\text{PNAT=<c}}$ false)) が証明される．

```
20:   select PNAT=<c .
21:   red c = s c .
```

この証明スコアの 's c' を 's s ... s c' に置き換えても false が出力されるので，($\forall c \in$ Nat ('c = s s ... s c' $=_{\text{PNAT=<c}}$ false)) が証明できる．一般に，未使用定数 c を含んだソート Nat の 2 つの式 n_1, n_2 について，'red in PNAT=<c : n_1 = n_2 .' は true か false に簡約される．12:-18:の等式には 03:で宣言された未使用定数 c は現れないので，03:の代わりに 'op d : -> Nat .' としても d が未使用定数であれば同様な議論が成り立つ．

PNAT=c と PNAT=<c の対比からわかる通り，未使用定数を含んだ式に対する等価性判定には一般的により精密な等式が必要になる．

2.7 加算の結合則の証明

モジュール M で等式 'eq (X:Nat + Y:Nat) + Z:Nat = X + (Y + Z) .' が成り立つとき，つまり ($\forall x, y, z \in$ Nat ('(x + y) + z' $=_M$ 'x + (y + z)'))すなわち ($\forall x, y, z \in$ Nat ('(x + y) + z = x + (y + z)' $=_M$ true)) が成り立つとき (2.2.1 参照)，加算 _+_ はモジュール M で結合則を満たすという．

以下は，モジュール PNAT+ で等式 'eq (X:Nat + Y:Nat) + Z:Nat = X + (Y + Z) .' が成り立つことを X:Nat に含まれる構成子 s_ の数に関する帰納法で証明する，有効な証明スコアである．

```
01:   --> induction base
02:   open PNAT+ .
03:   -- check the base
04:   ops y z : -> Nat .
05:   red (0 + y) + z = 0 + (y + z) .
06:   close
07:   --> induction step
08:   open PNAT+ .
09:   -- induction hypothesis
10:   op n : -> Nat .
11:   eq (n + Y:Nat) + Z:Nat = n + (Y + Z) .
12:   -- check the step
13:   ops y z : -> Nat .
14:   red ((s n) + y) + z = (s n) + (y + z) .
15:   close
```

02:-06: が帰納ベースに対応し，05: の簡約が true になれば帰納ベースが証明される．08:-15 が帰納ステップに対応する．10:-11: は帰納仮定を宣言し，14: の簡約が true になれば帰納ステップが証明される．

以下は 05: と 14: に対する，'set trace whole on' とした全体トレースである．

```
c16:   -- reduce in %PNAT+ :
          (((0 + y) + z) = (0 + (y + z))):Bool
c17:   ---> ((y + z) = (0 + (y + z))):Bool
```

```
c18:    ---> ((y + z) = (y + z)):Bool
c19:    ---> (true):Bool
```

```
c20:    -- reduce in %PNAT+ :
        ((((s n) + y) + z) = ((s n) + (y + z))):Bool
c21:    ---> (((s (n + y)) + z) = ((s n) + (y + z))):Bool
c22:    ---> ((s ((n + y) + z)) = ((s n) + (y + z))):Bool
c23:    ---> ((s (n + (y + z))) = ((s n) + (y + z))):Bool
c24:    ---> ((s (n + (y + z))) = (s (n + (y + z)))):Bool
c25:    ---> ((n + (y + z)) = (n + (y + z))):Bool
c26:    ---> (true):Bool
```

c22:-c23:に帰納仮定の等式 11:が適用されている.

2.7.1 ペアノ自然数の帰納スキーマ

$S_2, \ldots, S_m$ をソート記号とする.PNAT=をサブモジュールとするモジュール M において,変数 N:Nat, X2:S_2, ..., Xm:S_m を含み,等価述語 _=_ を最外演算とするブール式

$$'e_l(\text{N:Nat}, \text{X2}:S_2, \ldots, \text{Xm}:S_m) = e_r(\text{N:Nat}, \text{X2}:S_2, \ldots, \text{Xm}:S_m)'$$

で証明すべき性質が記述されるとする [9].

変数 N:Nat に含まれる構成子 s_ の数に関する帰納法によるこの性質の証明は,次の帰納ベース (**NIB**) と帰納ステップ (**NIS**) の2つの証明に帰着する [10].

(**NIB**) $(\forall x_2 \in S_2, \ldots, \forall x_m \in S_m$

$('e_l(0, x_2, \ldots, x_m) = e_r(0, x_2, \ldots, x_m)' =_M \text{true}))$

(**NIS**) $(\forall n \in \text{Nat}$

$((\forall x_2 \in S_2, \ldots, \forall x_m \in S_m$

$('e_l(n, x_2, \ldots, x_m) = e_r(n, x_2, \ldots, x_m)' =_M \text{true}))$

implies

$(\forall x_2 \in S_2, \ldots, \forall x_m \in S_m$

$('e_l(\text{s}\, n, x_2, \ldots, x_m) = e_r(\text{s}\, n, x_2, \ldots, x_m)' =_M \text{true}))))$

(**NIB**) と (**NIS**) が証明されたとすると,任意の $nn \in \overline{\text{Nat}}(=\{0, \text{s}\, 0, \text{s}\, \text{s}$

---

[9] 右辺の:Nat, :S_2, ..., :S_m は省略できる.
[10] $(\Xi_1 \overline{e_1} \in S_1, \Xi_2 \overline{e_2} \in S_2\, (St))$ は $(\Xi_1 \overline{e_1} \in S_1 (\Xi_2 \overline{e_2} \in S_2\, (St)))$ を意味する.ここで $\Xi_i (i \in \{1, 2\})$ は $\forall$ か $\exists$ であり,$\overline{e_i}(i \in \{1, 2\})$ は $e_{i_1}, e_{i_2}, \ldots, e_{i_{n(i)}}$ である.

$0,\ldots\}$) について，(NIB) の後に (NIS) を nn に含まれる s_ の数だけ繰り返し適用することで，以下が証明される．

$(\forall x_2 \in S_2, \ldots, \forall x_m \in S_m$

$('e_r(nn,x_2,\ldots,x_m) = e_r(nn,x_2,\ldots,x_m)' =_M \text{true}))$

したがって，

$(\forall x_1 \in \text{Nat } \forall x_2 \in S_2, \ldots, \forall x_m \in S_m$

$('e_l(x_1,x_2,\ldots,x_m) = e_r(x_1,x_2,\ldots,x_m)' =_M \text{true}))$

が証明される．

以上の議論から，以下は，PNAT=をサブモジュールとするモジュールMで，等式 'eq el(N:Nat,X2:S2,...,Xm:Sm) = er(N,X2,...,Xm) .' を証明する正しい証明スコア（のスキーム）である．ただし，n,x2,...,xm は未使用定数とする．

```
01:  --> induction base
02:  open M .
03:  -- check the base
04:  op x2 : -> S2 . ... op xm : -> Sm .
05:  red el(0,x2,...,xm) = er(0,x2,...,xm) .
06:  close
07:  --> induction step
08:  open M .
09:  -- induction hypothesis
10:  op n : -> Nat .
11:  eq el(n,X2:S2,...,Xm:Sm) = er(n,X2,...,Xm) .
12:  -- check the step
13:  op x2 : -> S2 . ... op xm : -> Sm .
14:  red el(s n,x2,...,xm) = er(s n,x2,...,xm) .
15:  close
```

05: と 14: が true を返せば，この証明スコアは有効である．

2.8 ペアノ自然数の乗算

ペアノ自然数上の加算 _+_ が，可換則を満たすことは 2.6 で証明され，結合則を満たすことは 2.7 で証明された．したがって，以下のモジュール PNAT+ac のように，加算 _+_ に assoc 属性と comm 属性を追加してもよい．

```
01:  mod! PNAT+ac {
02:    pr(PNAT=)
```

```
03:    -- assoc and comm are proved to hold
04:    op _+_ : Nat Nat -> Nat {assoc comm} .
05:    -- definition of _+_
06:    eq 0 + Y:Nat = Y .
07:    eq (s X:Nat) + Y:Nat = s(X + Y) . }
```

モジュール PNAT+ac を CafeOBJ システムに入力し, 'select PNAT+ac .' とした後で 'show op _+_ .' を実行すると, _+_ の属性リストが {assoc comm prec: 41 r-assoc} であることが確認できる. また, 以下の 10: と 11: の簡約は true を返し, _+_ が可換則と結合則を満たすことが確認できる.

```
08:    open PNAT+ac .
09:    ops n1 n2 n3 : -> Nat .
10:    red n1 + n2 = n2 + n1 .
11:    red (n1 + n2) + n3 = n1 + (n2 + n3) .
12:    close
```

PNAT+ac に基づき, **乗算 (multiplication)** _*_ は次のモジュール PNAT* で定義される.

```
13:    mod! PNAT* {
14:    pr(PNAT+ac)
15:    op _*_ : Nat Nat -> Nat {r-assoc prec: 40} .
16:    eq 0 * Y:Nat = 0 .
17:    eq s X:Nat * Y:Nat = Y + X * Y . }
```

等式 17: を左辺から右辺への書換え規則として適用すると, _*_ の第 1 引数は左辺の 's X:Nat' から右辺の X へ減少し, 書換えを繰り返すことで第 1 引数は 0 となり, 等式 16: を書換え規則として適用することで _*_ が削除される. したがってモジュール PNAT* は十分完全である.

_*_ は 15: で右結合 (r-assoc) で 'prec: 40' と宣言され, 'prec: 41' の _+_ より高い優先順位を持つ. 以下のセッションの c20: でこれらが確認できる.

```
u18:   PNAT+ac> select PNAT* .
u19:   PNAT*> red s 0 * s s 0 * s s s 0 + s s 0 + s 0 .
```

2.9 乗算の右0と右s_の証明

```
c20:    -- reduce in PNAT* :
        (((s 0) * ((s (s 0)) * (s (s (s 0)))))
                                    + ((s (s 0)) + (s 0))):Nat
c21:    (s (s (s (s (s (s (s (s (s 0)))))))))):Nat
```

15:-17:で定義される_*_は可換則を満たすが，その証明のためには，_+_の可換則の証明と同様に，_*_が右0と右s_を満たすことを示す必要がある．

2.9 乗算の右0と右s_の証明

以下の 01:-11: は_*_が右0を満たす，つまりモジュール PNAT* で等式 'eq X:Nat * 0 = 0 .' が成り立つ，ことを X:Nat に含まれる構成子 s_ の数に関する帰納法で証明する正しい証明スコアである．03: と 10: は true を返すので，この証明スコアは有効である．

```
01:     --> induction base
02:     select PNAT* .
03:     red 0 * 0 = 0 .
04:     --> induction step
05:     open PNAT* .
06:     -- induction hypothesis
07:     op n : -> Nat .
08:     eq n * 0 = 0 .
09:     -- check the step
10:     red s n * 0 = 0 .
11:     close
```

以下の 12:-25: は_*_が右s_を満たす，つまりモジュール PNAT* で等式 'eq X:Nat * s Y:Nat = X + X * Y .' が成り立つ，ことを X:Nat に含まれる構成子 s_ の数に関する帰納法で証明する正しい証明スコアである．15: と 24: の簡約が true を返すので，この証明スコアは有効である．

```
12:     --> induction base
13:     open PNAT* .
14:     op y : -> Nat .
15:     red 0 * s y = 0 + 0 * y .
16:     close
17:     --> induction step
```

```
18:    open PNAT* .
19:    -- induction hypothesis
20:    op n : -> Nat .
21:    eq n * s Y:Nat = n + n * Y .
22:    -- check the step
23:    op y : -> Nat .
24:    red s n * s y = s n + s n * y .
25:    close
```

演算記号 s_ の優先順位 (1.2.2 参照) は 'prec: 15', _*_ は 'prec: 40', _+_ は 'prec: 41' なので, 24: は 'red ((s n)*(s y))=((s n)+((s n)*y)) .' と構文解析される.

以下は 'set trace whole on' として得られる 24: の全体トレースである. c28:-c29: に帰納仮定の等式 21: が適用されている. c29:-c30:, c30:-c31:, c31:-c32:, c32:-c33:, c33:-c34: には _+_ が可換則と結合則を満たすことが使われている.

```
c26:    -- reduce in %PNAT* :
c27:        (((s n) * (s y)) = ((s n) + ((s n) * y))):Bool
c28:    ---> (((s y) + (n * (s y))) = ((s n) + ((s n) * y))):Bool
c29:    ---> (((s y) + (n + (n * y))) = ((s n) + ((s n) * y))):Bool
c30:    ---> ((s (y + ((n * y) + n))) = ((s n) + ((s n) * y))):Bool
c31:    ---> ((s ((n * y) + (n + y))) = ((s n) + (y + (n * y)))):Bool
c32:    ---> ((s ((n * y) + (n + y))) = (s (n + ((n * y) + y)))):Bool
c33:    ---> (((n * y) + (n + y)) = ((n * y) + (y + n))):Bool
c34:    ---> (true):Bool
```

2.10 乗算の可換則の証明

以下の 01:-19: は, _*_ が可換則を満たす, つまりモジュール PNAT* で等式 'eq X:Nat * Y:Nat = Y * X .' が成り立つ, ことを X:Nat に含まれる構成子 s_ の数に関する帰納法で証明する正しい証明スコアである. 07: と 18: の簡約が true を返すので, この証明スコアは有効である.

```
01:    --> induction base
02:    open PNAT* .
03:    -- already proved property
```

2.10 乗算の可換則の証明

```
04:     eq X:Nat * 0 = 0 .
05:     -- check the base
06:     op y : -> Nat .
07:     red 0 * y = y * 0 .
08:     close
09:     --> induction step
10:     open PNAT* .
11:     -- induction hypothesis
12:     op n : -> Nat .
13:     eq n * Y:Nat = Y * n .
14:     -- already proved property
15:     eq X:Nat * s Y:Nat = X + X * Y .
16:     -- check the step
17:     op y : -> Nat .
18:     red s n * y =  y * s n .
19:     close
```

以下は 07:と 18:に対する，'set trace whole on' とした全体トレースである．

```
c20:    -- reduce in %PNAT* :
        ((0 * y) = (y * 0)):Bool
c21:    ---> (0 = (y * 0)):Bool
c22:    ---> (0 = 0):Bool
c23:    ---> (true):Bool
```

```
c24:    -- reduce in %PNAT* :
        (((s n) * y) = (y * (s n))):Bool
c25:    ---> ((y + (n * y)) = (y * (s n))):Bool
c26:    ---> ((y + (y * n)) = (y * (s n))):Bool
c27:    ---> (((y * n) + y) = (y + (y * n))):Bool
c28:    ---> (true):Bool
```

c21:-c22:に右 0 の等式 04:が，c25:-c26:に帰納仮定の等式 13:が，c26:-c27:に右 s_の等式 15:が，c27:-c28:に_+_の可換則が，それぞれ適用されている．

練習問題 2.4 [乗算の分配則の証明] 演算_*_が分配則 (distributive law) を満たす，つまりモジュール PNAT*で等式 'eq (X:Nat + Y:Nat) * Z:Nat = X * Z + Y * Z .' が成り立つ，ことを X:Nat に含まれる構成子 s_の数に関する帰納法で証明する正しく有効な証明スコアを作成せよ．□

練習問題 2.5 [乗算の結合則の証明] 演算_*_が結合則（associative law）を満たす，つまりモジュール PNAT* で等式 'eq (X:Nat * Y:Nat) * Z:Nat = X * (Y * Z) .' が成り立つ，ことを X:Nat に含まれる構成子 s_ の数に関する帰納法で証明する正しく有効な証明スコアを作成せよ．□

2.11 階乗演算の等価性の証明

2.10，練習問題 2.4，練習問題 2.5 で乗算の可換則，分配則，結合則が証明されたので，可換則と結合則を演算_*_の属性として宣言し（03:），分配則を等式（07:）で宣言した，以下のモジュール PNAT*ac が正当化される．

```
01:   mod! PNAT*ac {
02:     pr(PNAT+ac)
03:     op _*_ : Nat Nat -> Nat {assoc comm prec: 40}
04:     eq 0 * Y:Nat = 0 .
05:     eq s X:Nat * Y:Nat = Y + X * Y .
06:     -- distributive law
07:     eq X:Nat * (Y:Nat + Z:Nat) = X * Y + X * Z .
08:   }
```

モジュール PNAT*ac に基づき，1 引数の階乗演算 fact1 と 2 引数の階乗演算 fact2 が以下のように定義される．

```
09:   mod! FACT {
10:     pr(PNAT*ac)
11:     -- one argument factorial operator
12:     op fact1 : Nat -> Nat .
13:     eq fact1(0) = s 0 .
14:     eq fact1(s N:Nat) = s N * fact1(N) .
15:     -- two arguments factorial operator
16:     op fact2 : Nat Nat -> Nat .
17:     eq fact2(0,N2:Nat) = N2 .
18:     eq fact2(s N1:Nat,N2:Nat) = fact2(N1,s N1 * N2) .
19:   }
```

2 つの階乗演算 fact1 と fact2 は等式 'eq fact2(N1:Nat,N2:Nat) = fact1(N1) * N2 .' を満たす．以下の 20:-33: はこの等式を N1:Nat に関する帰納法で証明する正しい証明スコアである．23: と 32: は true を返すので，この証明スコアは有効である．

2.11 階乗演算の等価性の証明

```
20:     --> induction base
21:     open FACT .
22:     op n2 : -> Nat .
23:     red fact2(0,n2) = fact1(0) * n2 .
24:     close
25:     --> induction step
26:     open FACT .
27:     -- induction hypothesis
28:     op n1 : -> Nat .
29:     eq fact2(n1,N2:Nat) = fact1(n1) * N2 .
30:     -- check the step
31:     op n2 : -> Nat .
32:     red fact2(s n1,n2) = fact1(s n1) * n2 .
33:     close
```

以下は 23: と 32: に対する, 'set trace whole on' とした全体トレースである.

```
c34:    -- reduce in %FACT :
          (fact2(0,n2) = (fact1(0) * n2)):Bool
c35:    ---> (n2 = (fact1(0) * n2)):Bool
c36:    ---> (n2 = ((s 0) * n2)):Bool
c37:    ---> (n2 = (n2 + (0 * n2))):Bool
c38:    ---> (n2 = (n2 + 0)):Bool
c39:    ---> (n2 = n2):Bool
c40:    ---> (true):Bool


c41:    -- reduce in %FACT :
          (fact2((s n1),n2) = (fact1((s n1)) * n2)):Bool
c42:    ---> (fact2(n1,((s n1) * n2)) = (fact1((s n1)) * n2)):Bool
c43:    ---> ((fact1(n1) * ((s n1) * n2)) = (fact1((s n1)) * n2)):Bool
c44:    ---> ((fact1(n1) * (n2 + (n1 * n2))) =
          (fact1((s n1)) * n2)):Bool
c45:    ---> (((fact1(n1) * (n2 * n1)) + (fact1(n1) * n2)) =
          (fact1((s n1)) * n2)):Bool
c46:    ---> (((n2 * fact1(n1)) + (n2 * (n1 * fact1(n1)))) =
          (((s n1) * fact1(n1)) * n2)):Bool
c47:    ---> (((n2 * fact1(n1)) + (n2 * (n1 * fact1(n1)))) =
          ((fact1(n1) + (n1 * fact1(n1))) * n2)):Bool
c48:    ---> (((n2 * fact1(n1)) + (n2 * (n1 * fact1(n1)))) =
          ((n2 * fact1(n1)) + (n2 * (fact1(n1) * n1)))):Bool
c49:    ---> (true):Bool
```

c42:-c43:に帰納仮定の等式29:が，c44:-c45:に分配則の等式07:と_+_の可換則が，c48:-c49:に_*_の可換則が適用されている．

2.11.1 停止性，合流性，十分完全性の判定

　CafeOBJ モジュールの停止性，合流性，十分完全性を一般的に判定するアルゴリズムは存在しないが，個々の具体的なモジュールについてそれらの性質を判定することが多くの場合可能である．

　以下では，次の5つの CafeOBJ モジュールが停止性，合流性，十分完全性を満たすことをどのように判定するかを説明する．

```
01:  mod! PNAT {
02:    [Nat]
03:    op 0 : -> Nat {constr} .
04:    op s_ : Nat -> Nat {constr} .
05:  }
06:  mod! EVEN {
07:    pr(PNAT)
08:    op even : Nat -> Bool .
09:    eq even(0) = true .
10:    cq even(s N:Nat) = true  if not(even(N)) .
11:    cq even(s N:Nat) = false if even(N) .
12:  }
13:  mod! PNAT= {
14:    pr(PNAT)
15:    op _=_ : Nat Nat -> Bool {comm} .
16:    eq (0 = s Y:Nat) = false .
17:    eq (s X:Nat = s Y:Nat) = (X = Y) .
18:  }
19:  mod! PNAT+ac {
20:    pr(PNAT=)
21:    op _+_ : Nat Nat -> Nat {assoc comm} .
22:    eq 0 + Y:Nat = Y .
23:    eq (s X:Nat) + Y:Nat = s(X + Y) .
24:  }
25:  mod! PNAT*ac {
26:    pr(PNAT+ac)
27:    op _*_ : Nat Nat -> Nat {assoc comm prec: 40} .
28:    eq 0 * Y:Nat = 0 .
29:    eq s X:Nat * Y:Nat = Y + X * Y .
30:    eq X:Nat * (Y:Nat + Z:Nat) = X * Y + X * Z .
31:  }
```

2.11 階乗演算の等価性の証明

モジュール PNAT には等式がなく，2つの演算 0 (03:) と s_(04:) は共に構成子なので，停止性，合流性，十分完全性を満たす．

モジュール EVEN の2つの条件付き等式 10:, 11: は，任意の式 $n \in \overline{\text{Nat}}$ に対して，even(s n) を簡約するために条件部で even(n) を簡約することを繰り返し，構成子 s_ の数を1ずつ減らし，最後に等式 09: を適用して必ず停止するので，EVEN は停止性を満たす．等式 10:, 11: は，論理的に背反する条件 not(even(n)) と even(n) を持ち，同じ式に共に適用可能ではないので，EVEN は合流性を満たす．$n \in \overline{\text{Nat}}$ にたいして条件 not(even(n)) と even(n) のいずれかが成り立つことが，n に含まれる s_ に関する帰納法で示せるので，基底式の中に even が存在すれば，等式 10:, 11: のいずれかが必ず適用できる．したがって，基底式の中に簡約で削除できない even が残り続けるとすれば，簡約が無限に続くことになり，「EVEN が停止性を満たす」ことに矛盾するので，すべての even が必ず簡約で削除され，EVEN は十分完全性を満たす．

even を含む式のように適用可能な等式（簡約規則）が存在する式を**簡約可能 (reducible)** であると言う．つまり，$e \stackrel{1}{\Rightarrow}_M e'$（定義 1.2 参照）であるような e' が存在する式 e を簡約可能と言う．

以下の命題は十分完全性の判定条件を示す．

> **命題 2.1** [**十分完全性の判定条件**] モジュール M が停止性を満たし，かつ構成子でない演算子を最外演算子とする任意の基底式が簡約可能であれば，M は十分完全性を満たす．

2つの等式 'eq[e1]: L_1 = R_1 .', 'eq[e2]: L_2 = R_2 .' のペアを考える．同じ等式のペアの場合もあり得る．L_1 を具体化した式 l_1 が L_2 を具体化した式 l_2 の部分式 l_2' と同等であり，かつ l_2' が L_2 の変数でない部分式の具体化であるとき，L_1 は L_2 に重なると言う．l_1 に対応する具体化した右辺を r_1 とし，l_2 に対応する具体化した右辺を r_2 とする．l_2 を2番目の等式で書き換えた結果の r_2 と1番目の等式で書き換えた結果の $l_2[l_2' \to r_1]$ が同等でなければ，それら2つの式の集合 $\{r_2, l_2[l_2' \to r_1]\}$ は等式のペア (e1,e2) が生成する危険対である．

L_1 が L_2 に重なるかまたは L_2 が L_1 に重なるとき，L_1 と L_2 は**重なり (overlap)** があると言う．等式 16: の左辺 '0 = s Y:Nat' と等式 17: の左辺 's X:Nat

= s Y:Nat' には，_=_ が可換則を満たすことを考慮しても，重なりはない．したがって，等式のペア (16:,17:) と (17:,16:) はともに危険対を生成しない．

等式 22:の左辺 '0 + Y:Nat' を具体化した基底式 '0 + (s 0)' は，_+_ は可換則を満たすので，等式 23:の左辺 '(s X:Nat) + Y:Nat' を 'X -> 0'，'Y -> 0' のように具体化した式と同等であり，等式 22:の左辺は等式 23:の左辺に重なり，等式のペア (22:,23:) は危険対 {s(0 + 0),s 0} を生成する．同様にして，危険対 {s((s 0) + 0), s (s 0)} も生成する．

等式集合 E に属する等式のペア（同一の等式のペアも含む）が生成する危険対を E の危険対と言う．モジュール M の等式集合の危険対を M の危険対と言う．危険対 $\{e_1, e_2\}$ について，ある式 e_3 が存在して $e_1 \stackrel{*}{\Rightarrow}_M e_3$ かつ $e_2 \stackrel{*}{\Rightarrow}_M e_3$ ならば，危険対 $\{e_1, e_2\}$ は合流すると言う．

以下の命題は合流性の判定条件を示す．

> **命題 2.2** ［合流性の判定条件］ モジュール M が停止性を満たし，M の任意の危険対が合流すれば M は合流性を満たす．したがって，危険対の集合が空集合であるモジュールは合流性を満たす．

命題 2.2 は条件付き等式に拡張できるが詳細は省略する．

モジュール PNAT= の 2 つの等式 16:，17: の右辺に含まれる演算 s_ の数は，いずれも左辺のそれより小さいので，等式 16:，17: を簡約規則として無限に適用することはできず，PNAT= は停止性を満たす．

すべてのユーザ定義モジュールには _=_ に対する以下の等式 ee: が含まれている（2.2 参照）．

```
ee:   eq (CUX:*Cosmos* = CUX) = true .
```

x でソート Nat の任意の要素を表すと，等式 17: とこの等式 ee のペアは以下の表で示される危険対を生成する．

	r_2		l_2		$l_2[l_2' \to r_1]$
cp1	true	$\stackrel{1}{\Leftarrow}_{\text{ee:}}$	s x = s x	$\stackrel{1}{\Rightarrow}_{17:}$	$x = x$

cp1 行の $\stackrel{1}{\Leftarrow}_{\text{ee:}}$ は右辺（l_2 列の要素）に ee: による 1 回の簡約を適用して左辺（r_2 列の要素）が得られることを示す．$\stackrel{1}{\Rightarrow}_{22:}$ は左辺（l_2 列の要素）に 17: による

2.11 階乗演算の等価性の証明

1回の簡約を適用して右辺（$l_2[l_2' \to r_1]$ 列の要素）が得られることを示す．したがって，**cp1** 行の r_2 列と $l_2[l_2' \to r_1]$ 列の要素が，(17:,ee:) が生成する危険対 **cp1** を表す．

危険対 **cp1** は合流し，等式 16: と 17: の左辺には重なりがなく危険対を生成しないので，命題 2.2 から，PNAT= は合流性を満たす．

演算 _=_ を最外演算とする PNAT= の任意の基底式は等式 16: か 17: により簡約できるので，命題 2.1 から，PNAT= は十分完全性を満たす．

モジュール PNAT+ac のサブモジュール PNAT= については，ソート Bool だけに関係しており，上の PNAT= に関する議論をそのまま適用できる．これはモジュール PNAT*ac についても同様である．

モジュール PNAT+ac が停止性を満たすことは以下のように示される．s_ の出現は 22: と 23: により削除も複製もされず，等式 22: の適用で _+_ の数は減り，等式 23: の適用で s_ と _+_ の数は変化しない．同じ s_ の出現に 23: が何回か適用されることはあるが，その回数はその s_ に適用されている _+_ の数より大きいことはない．たとえば，式 (s 0) + ((((s 0) + 0) + 0)) で等式 23: が適用可能な回数は，1番目の s_ は高々1回，2番目の s_ は高々3回である．したがって，式 e に出現する _+_ と s_ の数を $ps(e)$ と $sc(e)$ とすると，e に 22: が適用可能な回数は $ps(e)$ 以下であり，23: が適用可能な回数は $ps(e) \times sc(e)$ 以下である．以上の議論は _+_ が結合則と可換則を満たすことを考慮しても成り立つので，モジュール PNAT+ac は停止性を満たす．

危険対を分析することで PNAT+ac が合流性を満たすことを示す．

x, y, z でモジュール PNAT+ac のソート Nat の任意の要素を表すとすると，以下は PNAT+ac の危険対 **cp2** と **cp3** を示す．

	r_2		l_2		$l_2[l_2' \to r_1]$
cp2	$s(x + 0)$	$\overset{1}{\underset{23:}{\Leftarrow}}$	$0 + s\ x$	$\overset{1}{\underset{22:}{\Rightarrow}}$	$s\ x$
cp3	$s(x + s\ y)$	$\overset{1}{\underset{23:}{\Leftarrow}}$	$s\ x + s\ y$	$\overset{1}{\underset{23:}{\Rightarrow}}$	$s(s\ x + y)$

以下の等式 32: は _+_ が可換則を満たすことを示し，等式 33: は _+_ が結合則を満たすことを示す．

```
32:   eq X:Nat + Y:Nat = Y + X .
33:   eq X:Nat + (Y:Nat + Z:Nat) = (X + Y) + Z .
```

CafeOBJ は等式 32:，33: を書換え規則としては実行せず，式の同等性の判定の際に使う．等式 32，33: に基づく同等性は危険対を生成する可能性がある．実際，危険対 cp2 と cp3 は等式 32: に基づく同等性を使った簡約関係（書換え関係）$\underset{23:}{\overset{1}{\Leftarrow}}$ などにより生成されている．同様に等式 33: に基づく同等性は以下のような危険対を生成する．

$$
\begin{array}{llllll}
 & r_2 & & l_2 & & l_2[l_2' \to r_1] \\
\mathbf{cp4} & (0 + y) + z & \underset{33:}{\overset{1}{\Leftarrow}} & 0 + (y + z) & \overset{1}{\Rightarrow}_{22:} & y + z \\
\mathbf{cp5} & (\mathrm{s}\, x + y) + z & \underset{33:}{\overset{1}{\Leftarrow}} & \mathrm{s}\, x + (y + z) & \overset{1}{\Rightarrow}_{23:} & \mathrm{s}(x + (y + z))
\end{array}
$$

危険対の生成に関しては等式 33: だけでなく以下の等式 33r: も考慮する必要がある．

```
33r:   eq (X:Nat + Y:Nat) + Z:Nat = X + (Y + Z) .
```

cp4 や cp5 のように 22，23: と 33，33r: から生成される危険対は他にも多くあるが，cp2，cp3 を含めそれらすべての危険対は合流する．モジュール PNAT+ac は停止性を満たすので，命題 2.2 から，PNAT+ac は合流性を満たす．

モジュール PNAT+ac は停止性を満たし，演算 _+_ を最外演算とする任意の基底式は等式 22: か 23: により簡約できるので，命題 2.1 から，PNAT+ac は十分完全性を満たす．

モジュール PNAT*ac が停止性を満たすことは以下のように示される．

PNAT*ac のソート Nat.PNAT*ac の基底式の集合 $\overline{\mathtt{Nat.PNAT*ac}}$ から自然数の集合 $\mathcal{N}$ への2つの関数 $\mathtt{w1}_{\mathcal{N}}$ と $\mathtt{w2}_{\mathcal{N}}$ を，x，y を $\overline{\mathtt{Nat.PNAT*ac}}$ 上の変数として，以下のように定義する．

$$
\begin{array}{rcl}
\mathtt{w1}_{\mathcal{N}}(0) & = & 2 \\
\mathtt{w2}_{\mathcal{N}}(0) & = & 2 \\
\mathtt{w1}_{\mathcal{N}}(\mathrm{s}\, x) & = & \mathtt{w1}_{\mathcal{N}}(x) + 2 \\
\mathtt{w2}_{\mathcal{N}}(\mathrm{s}\, x) & = & \mathtt{w2}_{\mathcal{N}}(x) + 1 \\
\mathtt{w1}_{\mathcal{N}}(x + y) & = & \mathtt{w1}_{\mathcal{N}}(x) + \mathtt{w1}_{\mathcal{N}}(y) + 1 \\
\mathtt{w2}_{\mathcal{N}}(x + y) & = & \mathtt{w2}_{\mathcal{N}}(x) \times \mathtt{w2}_{\mathcal{N}}(y) \\
\mathtt{w1}_{\mathcal{N}}(x * y) & = & \mathtt{w1}_{\mathcal{N}}(x) \times \mathtt{w1}_{\mathcal{N}}(y) \\
\mathtt{w2}_{\mathcal{N}}(x * y) & = & \mathtt{w2}_{\mathcal{N}}(x) \times \mathtt{w2}_{\mathcal{N}}(y)
\end{array}
$$

$\mathtt{w1}_{\mathcal{N}}$ と $\mathtt{w2}_{\mathcal{N}}$ は $\overline{\mathtt{Nat.PNAT*ac}}$ の帰納的構造にしたがって定義され，$\overline{\mathtt{Nat.PNAT*ac}}$ の任意の要素に対して2以上の自然数を返す．

2.11 階乗演算の等価性の証明

モジュール PNAT*ac に含まれる5つの等式 22:, 23:, 28:, 29:, 30: の左辺と右辺での2つの関数 w1$_\mathcal{N}$ と w2$_\mathcal{N}$ の値は以下のようになる.

$$22:\ \text{eq 0 + Y:Nat = Y} .$$
$$\text{w1}_\mathcal{N}(0 + y) = \text{w1}_\mathcal{N}(y) + 3$$
$$\text{w1}_\mathcal{N}(y) = \text{w1}_\mathcal{N}(y)$$
$$\text{w2}_\mathcal{N}(0 + y) = 2 \times \text{w2}_\mathcal{N}(y)$$
$$\text{w2}_\mathcal{N}(y) = \text{w2}_\mathcal{N}(y)$$

$$23:\ \text{eq (s X:Nat) + Y:Nat = s(X + Y)} .$$
$$\text{w1}_\mathcal{N}(\text{s } x + y) = \text{w1}_\mathcal{N}(x) + \text{w1}_\mathcal{N}(y) + 3$$
$$\text{w1}_\mathcal{N}(\text{s}(x + y)) = \text{w1}_\mathcal{N}(x) + \text{w1}_\mathcal{N}(y) + 3$$
$$\text{w2}_\mathcal{N}(\text{s } x + y) = \text{w2}_\mathcal{N}(x) \times \text{w2}_\mathcal{N}(y) + \text{w2}_\mathcal{N}(y)$$
$$\text{w2}_\mathcal{N}(\text{s}(x + y)) = \text{w2}_\mathcal{N}(x) \times \text{w2}_\mathcal{N}(y) + 1$$

$$28:\ \text{eq 0 * Y:Nat = 0} .$$
$$\text{w1}_\mathcal{N}(0 * y) = 2 \times \text{w1}_\mathcal{N}(y)$$
$$\text{w1}_\mathcal{N}(0) = 2$$
$$\text{w2}_\mathcal{N}(0 * y) = 2 \times \text{w2}_\mathcal{N}(y)$$
$$\text{w2}_\mathcal{N}(0) = 2$$

$$29:\ \text{eq s X:Nat * Y:Nat = Y + X * Y} .$$
$$\text{w1}_\mathcal{N}(\text{s } x * y) = \text{w1}_\mathcal{N}(x) \times \text{w1}_\mathcal{N}(y) + 2 \times \text{w1}_\mathcal{N}(y)$$
$$\text{w1}_\mathcal{N}(y + x * y) = \text{w1}_\mathcal{N}(x) \times \text{w1}_\mathcal{N}(y) + \text{w1}_\mathcal{N}(y) + 1$$
$$\text{w2}_\mathcal{N}(\text{s } x * y) = \text{w2}_\mathcal{N}(x) \times \text{w2}_\mathcal{N}(y) + \text{w2}_\mathcal{N}(y)$$
$$\text{w2}_\mathcal{N}(y + x * y) = \text{w2}_\mathcal{N}(x) \times (\text{w2}_\mathcal{N}(y))^2$$

$$30:\ \text{eq X:Nat * (Y:Nat + Z:Nat) = X * Y + X * Z} .$$
$$\text{w1}_\mathcal{N}(x *(y + z)) = \text{w1}_\mathcal{N}(x) \times \text{w1}_\mathcal{N}(y) + \text{w1}_\mathcal{N}(x) \times \text{w1}_\mathcal{N}(z) + \text{w1}_\mathcal{N}(x)$$
$$\text{w1}_\mathcal{N}(x * y + x * z) = \text{w1}_\mathcal{N}(x) \times \text{w1}_\mathcal{N}(y) + \text{w1}_\mathcal{N}(x) \times \text{w1}_\mathcal{N}(z) + 1$$
$$\text{w2}_\mathcal{N}(x *(y + z)) = \text{w2}_\mathcal{N}(x) \times \text{w2}_\mathcal{N}(y) \times \text{w2}_\mathcal{N}(z)$$
$$\text{w2}_\mathcal{N}(x * y + x * z) = (\text{w2}_\mathcal{N}(x))^2 \times \text{w2}_\mathcal{N}(y) \times \text{w2}_\mathcal{N}(z)$$

w1$_\mathcal{N}$ の値は, 22:, 28:, 29:, 30: で右辺が左辺より小さく, 23: の右辺と左辺で等しい. w2$_\mathcal{N}$ の値は, 23: で右辺が左辺より小さい. また, w1$_\mathcal{N}$ と w2$_\mathcal{N}$ の値は, 演算 _+_ と _*_ が可換則と結合則を満たすことを示す4つの等式 (32:, 33: と以下に示す 34:, 35:) の左辺と右辺で等しい.

```
34:  eq X:Nat * Y:Nat = Y * X .
35:  eq X:Nat * (Y:Nat * Z:Nat) = (X * Y) * Z .
35r: eq (X:Nat * Y:Nat) * Z:Nat = X * (Y * Z) .
```

w1$_\mathcal{N}$ の値は自然数であり無限に小さくなり続けることはあり得ないので，等式 22:, 28:, 29:, 30: が無限に適用されることはない．w2$_\mathcal{N}$ の値も自然数であり無限に小さくなり続けることはあり得ないので，等式 23: が無限に適用されることもない．したがって，モジュール PNAT*ac は停止性を満たす．

モジュール PNAT+ac の危険対の分析と同様に等式 22:, 23:, 28:, 29:, 30: と等式 32:, 33:, 33r:, 34:, 35:, 35r: が生成する危険対も含めると，モジュール PNAT*ac の危険対の数は多いがすべて合流する．したがって，命題 2.2 から，PNAT*ac は合流性を満たす．

モジュール PNAT*ac は停止性を満たし，等式 30: を適宜適用することで，演算 _+_ を最外演算とする任意の基底式は等式 22: か 23: により簡約でき，演算 _*_ を最外演算とする任意の基底式は等式 28: か 29: により簡約できるので，命題 2.1 から，PNAT*ac は十分完全性を満たす．

第3章

リストと
パラメータ化モジュール

　リスト（list）はサービスやシステムのモデル化ための基本的かつ汎用的なデータ構造である．この章では，汎用データ構造（generic data structure）としてのリストの形式仕様をパラメータ化モジュール（parameterized module）として定式化して定義する方法と，そのパラメータ化モジュールについて証明スコアを作成する方法を学ぶ．

3.1 パラメータ化モジュールによるリストの定義

リストは以下のパラメータ化モジュール LIST で定義される.

```
01: mod! LIST (X :: TRIV) {
02:   [List]
03:   op nil : -> List {constr} .
04:   op _|_ : Elt List -> List {constr} .
05: }
```

01:のモジュール名 LIST に続く'(X :: TRIV)'は,モジュール TRIV と同じ内容で名前が X のモジュールが LIST のサブモジュールであり,かつそのモジュール X は LIST のパラメータモジュール (**parameter module**) であることを宣言する.モジュール TRIV は以下のように定義され,組込みモジュール BOOL をサブモジュールとはせず,ソート Elt のみを持つ組込みモジュールである.

```
06: mod* TRIV {[Elt]}
```

06:の mod* の*は,このモジュールが,その仕様を満たすすべてのモデルを意図し,ゆるいモデルを持つことを示す (2.1.1 参照).これは,パラメータモジュールが,それを満たす任意のモジュールで置換え可能であることを示している.

03:-04:でソート List の 2 つの構成子 nil と _|_ が定義されるので[1],ソート List の式は,以下のように,'$e_n \mid e_{n-1} \mid \cdots \mid e_1 \mid$ nil' ($e_i \in$ Elt, $i \in \{1, 2, \ldots\}$) の形をした,定数 nil に演算 _|_ を繰り返し適用して Elt の要素を付け加えた形の式である[2].

$$\overline{\text{List}} = \{\text{nil}\} \cup \{e \mid l \mid e \in \text{Elt}, l \in \text{List}\}$$
$$= \{\text{nil}, e_{11} \mid \text{nil}, \cdots, e_{12} \mid e_{11} \mid \text{nil}, \cdots,$$
$$e_{1n} \mid e_{1(n-1)} \mid \cdots \mid e_{11} \mid \text{nil}, \cdots \mid e_{ij} \in \text{Elt}, i, j \in \{1, 2, \cdots\}\}$$

---

[1] 1.5/04:-05:ではリスト構造を持つソート WwHoursList の 2 つの構成子を # と __ で定義した.

[2] $S_1 \cup S_2$ は S_1 と S_2 のいずれかに含まれる要素の集合 (S_1 と S_2 の和集合) を表す.$\{e_1, e_2, \ldots, e_n \mid Cd\}$ は条件 Cd を満たす要素 $e_1, e_2, \ldots, e_n$ の集合を表す.n は 1 のこともある.

3.2 パラメータ化モジュール LIST の具体化

パラメータモジュール P は，次の 2 つの条件を満たす任意のモジュールで置き換えることができる．

(1) P のすべてのソートや演算に対応するソートや演算を持つ．

(2) P で等式などで宣言された制約を充足する．

パラメータモジュールを，要件 (1)，(2) を満たすより詳細な**具体モジュール**（**actual module**）で置き換えることを，パラメータモジュールを**具体化**する，または置き換える，という．パラメータ化モジュールは，パラメータモジュールを具体化する（置き換える）ことで，具体化される．

CafeOBJ は，パラメータモジュールの具体化に際し，(1) はチェックするが (2) はチェックはしない．制約の充足性を一般的にチェックするアルゴリズムは存在せず，原理的に実現不能だからである．(2) のチェックは，必要に応じ，個別に証明スコアを作成するなどして行う．

パラメータ化モジュール M のパラメータモジュール P をモジュール A で具体化して（置き換えて）得られるモジュールは，**モジュール式**（**module expression**） $M(A\{P\text{->}A\})$ で表現できる．

$\{P\text{->}A\}$ は，モジュール P のソートと演算をモジュール A のソートと演算に対応づける表現であり，P から A への**ビュー表現**（**view expression**）と呼ばれる．

パラメータ化モジュール LIST のパラメータモジュール X を，以下のモジュール PNAT で具体化する（置き換える）ことを考える．

```
01: mod! PNAT {
02:   [Nat]
03:   op 0 : -> Nat {constr} .
04:   op s_ : Nat -> Nat {constr} .
05: }
```

01:-05 の PNAT は 2.1/01:-05 と同じものであり，ただ 1 つのソート Nat を持つ．

LIST のパラメータモジュール X を PNAT で具体化して得られるモジュールは，ソート Elt をソート Nat に対応させるビュー表現 {sort Elt -> Nat} を使い，

モジュール式 LIST(PNAT{sort Elt -> Nat}) で示される．TRIV も PNAT も 1 つのソートしか持たず，ビュー表現 {sort Elt -> Nat} は推論可能なので，このモジュール式は LIST(PNAT) と略記できる．

以下に，モジュール式 LIST(PNAT) が定義するモジュールをオープンして 4 つの命令を実行するコードと，それを実行したときの CafeOBJ の出力を示す．

```
06:    open LIST(PNAT) .
07:    show .
08:    red nil = 0 | nil .
09:    red  0 | nil = s 0 | nil .
10:    red s 0 | nil = s 0 | nil .
11:    close
```

```
c12:   -- opening module LIST(X <= PNAT).. done.
c13:   module LIST(X <= PNAT)
       ...
c14:   protecting (PNAT)
       ...
c15:   op _ | _ : Nat List -> List { constr prec: 41 }
       ...
c16:   -- reduce in %LIST(X <= PNAT) : (nil = (0 | nil)):Bool
c17:   (nil = (0 | nil)):Bool
c18:   -- reduce in %LIST(X <= PNAT) :
                    ((0 | nil) = ((s 0) | nil)):Bool
c19:   ((0 | nil) = ((s 0) | nil)):Bool
c20:   -- reduce in %LIST(X <= PNAT) :
                    (((s 0) | nil) = ((s 0) | nil)):Bool
c21:   (true):Bool
```

06: が open と '.' の間に書かれたモジュール式が定義するモジュールをオープンする命令であり，それに対する出力が c12: である．

07: はオープンしているモジュールの内容を示す show 命令であり，その出力が c13:-c15: である．'...' は出力の省略を示す．

c14: はパラメータモジュール X が PNAT に置き換えられたことを示す．

c15: は 04: で定義された List の構成子の第 1 引数が Elt から Nat に置き換えられたことを示す．

08:-10: は，ソート List の式 nil，'0 | nil'，'s 0 | nil' を，組込みの等価性判定述語 _=_ で判定する red 命令であり，それぞれ c16:-c17: が 08: の，

3.2 パラメータ化モジュール LIST の具体化

c18:-c19: が 09: の, c20:-c21: が 10: の出力である.

組込み述語 _=_ に適用できる実行可能な等式（書換え規則）は

```
eq (CUX:*Cosmos* = CUX) = true .
```

だけなので（2.2.1 参照），08:, 09: に対しては入力がそのまま出力され（c17:, c19:），10: に対してだけ true が出力される（c21:）.

次に，パラメータ化モジュール LIST のパラメータモジュール X を，以下のモジュール PNATnz で具体化することを考える.

```
22: mod! PNATnz {
23:   [NzNat < Nat]
24:   op 0 : -> Nat {constr} .
25:   op s_ : Nat -> NzNat {constr} .
26: }
```

22:-26 の PNATnz は, $\overline{\text{NzNat}} = \{\text{s 0}, \text{s s 0}, \text{s s s 0}, \cdots\}$ を $\overline{\text{Nat}}$ の部分集合として宣言している（23:）ので，NzNat と Nat の 2 つのソートを持つ.

LIST のパラメータモジュール X を PNATnz に具体化して得られるモジュールは，ソート Elt をソート Nat に対応させるビュー表現 {sort Elt -> Nat} を使い，モジュール式 LIST(PNATnz{sort Elt -> Nat}) で示される．PNATnz は 2 つのソートを持ち，{sort Elt -> Nat} と {sort Elt -> NzNat} の 2 つの対応付けのどちらを選ぶかは推論不能であり，モジュール式 LIST(PNATnz{sort Elt -> Nat}) は LIST(PNATnz) と略記できないので，CafeOBJ は，'open LIST(PNATnz) .' に対しては，ビュー表現が不十分であるというエラーを出力する.

06: の 'open LIST(PNAT) .' を 'open LIST(PNATnz{sort Elt -> Nat}) .' に置き換えて 06:-11: を実行すると，PNAT が PNATnz となる以外は，c12:-c21: と同じ出力を得る.

組込みモジュール NAT（1.1 参照）は，組込みモジュール BOOL をサブモジューに持ち，Bool, NzNat, Nat といった複数のソートを持つが，Nat に対して 'principal-sort Nat' のように主ソート宣言がされている．パラメータモジュールを置き換えるモジュールに主ソート宣言があり，パラメータモジュー

ルがただ1つのソートを持つときは、それらを対応付けるという規則がある。したがって、X の唯一のソート Elt から NAT の主ソート Nat への{sort Elt -> Nat}という対応付けは推論可能であり、'open LIST(NAT) .' は正常にモジュールを生成し、エラーを出さない。

パラメータモジュール P に複数のソートがあるときでも、その中に主ソートと宣言されたソート s_p があり、P を具体化するモジュール A にも主ソートと宣言されたソート s_a があるときは、ビュー表現から 'sort s_p -> s_a' を省くことができる。

モジュール式 ME で定義されるモジュールに名前 M を付けたいときは、'mod M {pr(ME)}' とすればよい。これを 'make M (ME)' と略記することもできる。たとえば、'make LISTofPNAT (LIST(PNAT))' を実行した後で、06: の代わりに 'open LISTofPNAT .' とすれば、06:-11:、c12:-c21: と同じ CafeOBJ セッションが得られる。'make LISTofPNATnz (LIST(PNATnz{sort Elt -> Nat}))' に対しても同様である。

練習問題 3.1 [LIST の具体化] 次のコードが期待通りに動作することを確かめよ。
(1) 'open LIST(PNATnz{sort Elt -> Nat }) .'
(2) 'open LIST(NAT) .' □

練習問題 3.2 [主ソート] ビュー表現から主ソートの対応 'sort s_p -> s_a' を省くことができる例を作成せよ。□

練習問題 3.3 [モジュール式の名前] 'make LISTofPNAT (LIST(PNAT))' が確かに期待通り動作することを確かめよ。□

3.3 リストの等価性の定義

3.2/c17: や 3.2/c19: で、(nil = (0 | nil)) や ((0 | nil) = ((s 0) | nil)) が期待される false に簡約されないのは、ソート List の2つの式の等価性を判定する述語 _=_ の定義が十分でないからである。List 上の _=_ の定義をより精密化し、(nil = (0 | nil)) や ((0 | nil) = ((s 0) | nil)) を false に簡約し得るパラメータ化モジュール LIST= は次のように定義される。

3.3 リストの等価性の定義

```
01:   mod* TRIV= {
02:   [Elt]
03:   op _=_ : Elt Elt -> Bool {comm} .
04:   }
05:   mod! LIST= (X :: TRIV=) {
06:   pr(LIST(X))
07:   -- equality on List
08:   op _=_ : List List -> Bool {comm} .
09:   eq (nil = (E2:Elt | L2:List)) = false .
10:   eq ((E1:Elt | L1:List) = (E2:Elt | L2:List))
11:     = (E1 = E2) and (L1 = L2) .
12:   }
```

ランクが'List List -> Bool'で可換則(comm)を満たす述語 _=_ (08:)に対して, 等式 09:と 10:-11:が宣言されている. 11:の'(E1 = E2)'でランク 'Elt Elt -> Bool'の述語 _=_ が必要なので, パラメータモジュール X を規定するモジュール TRIV=で'op _=_: Elt Elt -> Bool {comm}.'(03:)が宣言されている.

01:-12:を CafeOBJ に読み込ませた後で, 'select LIST=.'の後に 'show op _=_ .'を実行すると, 以下を出力する.

```
c13:   * rank: *Cosmos* *Cosmos* -> Bool
c14:   - attributes:  { comm prec: 51 }
c15:   - axioms:
c16:      eq (CUX = CUX) = true
c17:      eq (true = false) = false
c18:   * rank: Elt Elt -> Bool
c19:   - attributes:  { comm prec: 41 }
c20:   - axioms:
c21:      eq (CUX = CUX) = true
c22:   * rank: List List -> Bool
c23:   - attributes:  { comm prec: 41 }
c24:   - axioms:
c25:      eq (nil = (E2:Elt | L2:List)) = false
c26:      eq ((E1:Elt | L1:List) =
             (E2:Elt | L2:List)) = ((E1 = E2) and (L1 = L2))
c27:      eq (CUX = CUX) = true
```

c13:-c17:, c18:-c21:, c22:-c27:は, 組込みモジュール EQL (2.2.1 参照), モジュール TRIV=, モジュール LIST= でそれぞれ宣言されている, 演算 _=_ のランク (rank), 属性 (attributes), 公理 (axioms) をそれぞれ示している. 演算

_=_ の属性は，組込みモジュール EQL では '{ comm prec : 51 }' であるが，ユーザ定義のモジュール TRIV= や LIST= では '{ comm prec : 41 }' である．

組込みモジュール EQL で '(CUX:*Cosmos* = CUX) = true' と宣言されている等式（c16:）が，モジュール TRIV= へ '(CUX:Elt = CUX) = true' として（c21:），モジュール LIST= へ '(CUX:List = CUX) = true' として（c27:），それぞれ引き継がれる．また，組込みモジュール EQL の実行不能な等式 'ceq [:nonexec] : CUX:*Cosmos* = CUY:*Cosmos* if (CUX = CUY) .' も，モジュール TRIV= へ 'ceq [:nonexec] : CUX:Elt = CUY:Elt if (CUX = CUY) .' として，モジュール LIST= へ 'ceq [:nonexec] : CUX:List = CUY:List if (CUX = CUY) .' として，それぞれ引き継がれる．

4.3 では，'eq (CUX:*Cosmos* = CUX) = true .' や 'ceq [:nonexec]: CUX:*Cosmos* = CUY:*Cosmos* if (CUX = CUY) .' から引き継がれる等式を陽に宣言するスタイルを説明する．

3.4 パラメータ化モジュール LIST= の具体化

オープン命令 'open LIST=(PNAT) .' はビュー表現が不完全であるとしてエラーを出力する．CafeOBJ はモジュール式 LIST=(PNAT) で定義されるモジュールを生成しようとして，'sort Elt -> Nat' を推論し，モジュール LIST= のパラメータモジュール X の演算 '_=_ : Elt Elt -> Bool' に対応する演算 '_=_ : Nat Nat -> Bool' を探す．しかし，モジュール PNAT にはそのような演算は存在しないので，エラーを出力する．

モジュール PNAT は組込みモジュール BOOL をサブモジュールとするので，組込み演算 '_=_ : *Cosmos* *Cosmos* -> Bool' を持つが，ビューの推論では，それは '_=_ : Nat Nat -> Bool' と異なる演算とされる．ソートと演算の対応付け（ビュー）を推論するためには，組込み演算 '_=_ : *Cosmos* *Cosmos* -> Bool' を各々のソートに具体化した演算 '_=_ : Elt Elt -> Bool'，'_=_ : Nat Nat -> Bool'，'_=_ : List List -> Bool' などを宣言する必要がある．

以下のように，モジュール PNAT に演算 '_=_ : Nat Nat -> Bool' を加えたモジュールを PNATe とすれば，オープン命令 'open LIST=(PNATe) .' は，'Elt -> Nat'，'(_=_ : Elt Elt -> Bool) -> (_=_ : Nat Nat -> Bool)' とビューが推論できるので，エラーとならず，モジュールを正常にオープンする．

3.4 パラメータ化モジュール LIST= の具体化

```
01:   mod! PNATe {
02:     pr(PNAT)
03:     op _=_ : Nat Nat -> Bool {comm} .
04:   }
05:   open LIST=(PNATe) .
06:   red 0 | nil = nil .
07:   red s 0 | nil = 0 | nil .
08:   close
```

06: は，3.3/09: の等式が適用され，false を返すが，07: は，3.3/10:-11: の等式が適用され，((s 0) = 0) を返し，false とはならない．これは，演算 '_=_ : Nat Nat -> Bool' を定義する等式が十分でないからである．以下のように，PNATe に演算 '_=_' を定義する等式を加えたモジュールを PNATe= とし[3]，'open LIST=(PNATe=) .' すれば，'s 0 | nil = 0 | nil' を false に簡約できる．

```
09:   mod! PNATe= {
10:     pr(PNATe)
11:     eq (0 = s Y:Nat) = false .
12:     eq (s X:Nat = s Y:Nat) = (X = Y) .
13:   }
```

パラメータ化モジュール LIST= のパラメータモジュール X を，以下の PNATnzee で具体化する（置き換える）ことを考える．

```
14:   mod! PNATnzee {
15:     pr(PNATnz)
16:     op _=_  : Nat Nat -> Bool {comm} .
17:     op _==_ : Nat Nat -> Bool {comm} .
18:   }
```

PNATnzee は，2 つのソートを持つ 3.1 の PNATnz に 2 つの組込み等価性判定述語 '_=_ : *Cosmos* *Cosmos* -> Bool' と '_==_ : *Cosmos* *Cosmos* -> Bool' のランクを 'Nat Nat -> Bool' に具体化して付け加えたモジュールである．

モジュール式 LIST=(PNATnzee{sort Elt -> Nat, op _=_ -> _=_}) の 'op _=_ -> _=_' は 'sort Elt -> Nat' から，'(_=_: Elt Elt -> Bool) -> (_=_: Nat Nat -> Bool)' のように推論できるので，省略できる．したがって，'open

---
[3] PNATe= は 2.2/01:-06: の PNAT= と同じ内容を持つ．

LIST=(PNATnzee{sort Elt -> Nat}) .' は 'open LIST=(PNATe) .' と同様に動作する.

モジュール式 LIST=(PNATnzee{sort Elt -> Nat, op _=_-> _==_}) は, '_=_: Elt Elt -> Bool' を '_=_: Nat Nat -> Bool' でなく '_==_: Nat Nat -> Bool' に対応付けるとしているので, 'op _=_-> _==_' は省略できない. 'open LIST=(PNATnzee{sort Elt -> Nat, op _=_-> _==_}) .' で生成されるモジュールでは, ソート Nat の式の等価性判定に組込み述語 _==_ が使われるので, 'red s 0 | nil = 0 | nil .' の簡約は 's 0 == 0' を経由して false となる.

モジュール式 $M(A\{P\text{->}A\})$ を構成するビュー表現に名前 N を付けるには, 'view N from P to A {P -> A}' のように宣言すればよい. この名前を使えば元のモジュール式は $M(N)$ と表現できる. たとえば, 以下のようにビュー表現 TRIV=toPNATnzee を定義すると, 'open LIST=(PNATnzee{sort Elt -> Nat, op _=_ -> _==_}) .' は 'open LIST=(TRIV=toPNATnzee) .' と書ける.

```
19:  view TRIV=toPNATnzee from TRIV= to PNATnzee {
20:    sort Elt -> Nat,
21:    op _=_ -> _==_
22:  }
```

3.4.1　ビュー推論

モジュール式 $ME = M(A\{P\text{->}A\})$ が定義するモジュールを生成する際に, CafeOBJ は, パラメータモジュール P のすべてのソートと演算を, 具体モジュール A のいずれかのソートと演算に, 対応付けるべく推論し, それが成功すれば ME が定義するモジュールを生成し, そうでなければ '$P\text{->}A$' の記述が不十分であるというエラーを出力する. CafeOBJ が行うこの P のソートと演算を A のソートと演算に対応付ける推論をビュー推論 (view inference) と呼ぶ.

CafeOBJ は以下のようにビュー推論を行う.

(1) P のサブモジュール P_{sub} が A のサブモジュールであるときは, P_{sub} のソートと演算をそのまま A のサブモジュールである P_{sub} のソートと演算に対応付ける. P のサブモジュール P_{sub} が A のサブモジュールでない

ときは，P_{sub} のソートと演算をすべて P のソートと演算として以下の手順に従い対応付けを推論する．

(2) P のソートを以下のように A のソートに対応付ける．
   (a) ビュー表現 'P->A' の中に 'sort s_p -> s_a' という対応付けがあれば，P の s_p を A の s_a に対応付ける．
   (b) P に主ソート宣言されたソート s_p があり，A に主ソート宣言されたソート s_a があれば，P の s_p を A の s_p に対応付ける．
   (c) P のソート s_p と同じ名前のソートが A にあれば，P の s_p を A の s_p に対応付ける．
   (d) P がただ 1 つのソート s_p を持ち，A に主ソート宣言されたソート s_a があれば，P の s_p を A の s_p に対応付ける．
   (e) 以上で対応付けが決まらない P のソートが残るときは，ビュー表現が不足でビュー推論ができない，というエラーを出す．

(3) P の演算を以下のように A の演算に対応付ける．P のソートから A のソートへの対応付けは写像 σ で表されるとする．
   (a) ビュー表現 'P->A' の中に 'op o_p -> o_a' という対応付けがあり，o_p のランクが r で o_a のランクが $\sigma(r)$ であるとき[4]，P の o_p を A の o_a に対応付ける．
   (b) P の演算 o_p と同じ名前の演算が A にあり，P の o_p のランクが r で A の o_p のランクが $\sigma(r)$ であるとき，P の o_p を A の o_p に対応付ける．
   (c) 以上で対応付けが決まらない P の演算が残るときは，ビュー表現が不足でビュー推論ができない，というエラーを出す．

3.4.2 式による演算の定義

パラメタモジュール P のソートを具体モジュール A のソートに対応付ける写像 σ が定まると，ランク $s_1 s_2 \cdots s_n$->s を持つ P の演算 o に対応する A の演算を，n 個の変数 $v_1:\sigma(s_1), v_2:\sigma(s_2), \ldots, v_n:\sigma(s_n)$ と A の（一般には複数の）演算から構成される式で指定することができる．$v_i:\sigma(s_i)(i \in \{1, 2, \ldots, n\})$ は

---

[4] $r = s_1 s_2 \cdots s_n$->s であれば，$\sigma(r) \overset{\text{def}}{=} \sigma(s_1)\sigma(s_2) \cdots \sigma(s_n)$->$\sigma(s)$.

ソート $\sigma(s_i)$ の変数 v_i を表す.

たとえば，3.4 で見た通り，モジュール式 LIST=(PNAT) や LIST=(PNAT{op _=_-> _=_}) はエラーになるが，モジュール式 LIST=(PNAT{op E1:Elt = E2:Elt -> E1:Nat = E2:Nat}) はエラーにならず正常にモジュールを生成し，モジュール式 LIST=(PNATe) と同様に振る舞う．これは，ソートの対応 'Elt -> Nat' を推論した後，演算 '_=_: Elt Elt -> Bool' に，組込み演算 '_=_: *Cosmos* *Cosmos* -> Bool' と2つの変数 E1:Nat と E2:Nat から作られる式 'E1:Nat = E2:Nat' が定義する演算を対応させるからである．演算 '_=_: Elt Elt -> Bool' に対応する演算 '_=_: Nat Nat -> Bool' を探すのではないので，モジュール PNAT で演算 '_=_: Nat Nat -> Bool' が宣言されている必要はない．

```
01:    open LIST=(PNAT{op E1:Elt = E2:Elt -> E1:Nat = E2:Nat}) .
02:    red 0 | nil = nil .
03:    red s 0 | nil = 0 | nil .
04:    red s 0 | nil = s 0 | nil .
05:    close
```

上のコードを実行すると，02:は false を，03:は ((s 0) = 0) を，04:は true を出力する．

01:のモジュール式の代わりに，組込み演算 '_==_: *Cosmos* *Cosmos* -> Bool' を使った，モジュール式 LIST=(PNAT{op E1:Elt = E2:Elt -> E1:Nat == E2:Nat}) を置き換えてもエラーとならず，02:は false を，03:は false を，04:は true を出力する．

組込みモジュール NAT には，主ソート宣言されたソート Nat，自然数の大小を比較する演算 _<=_, _>=_，ブール演算 _and_ が存在する．これらの演算から構成される式 ((E1:Nat <= E2:Nat) and (E1:Nat >= E2:Nat)) で，0,1,2,... のような Nat の具体的な要素に対しては，組込み演算 '_==_: *Cosmos* *Cosmos* -> Bool' と同じ機能を持つ演算が実現でき，以下のコードを得る．

```
06:    open LIST=(NAT{op (E1:Elt = E2:Elt) ->
07:                     ((E1:Nat <= E2:Nat) and
08:                      (E1:Nat >= E2:Nat))}) .
```

3.4 パラメータ化モジュール LIST=の具体化   91

```
09:    show .
10:    red 0 | nil = nil .
11:    red 1 | nil = 0 | nil .
12:    red 1 | nil = 1 | nil .
13:    close
```

上のコードを実行すると，09:の'show .'で演算'_=_: Elt Elt -> Bool'が式((E1:Nat <= E2:Nat) and (E1:Nat >= E2:Nat))に置き換えられているのが確認できる．また，10:はfalseを，11:はfalseを，12:はtrueを，それぞれ出力する．

3.4.3 モジュール式

モジュール式には，$M(A\{P\text{->}A\})$ の形をした具体化を表すものだけでなく，名前換え（**rename**）やモジュール和（**module sum**）を表すものがある．

ソートや演算の名前換えを指示する'sort s_{old} -> s_{new}'や'op o_{old} -> o_{new}'を','で区切って並べた列を，名前換え表現（**rename expression**）[5]と呼ぶ．モジュール式 ME と名前換え表現 RNE に対し，ME が表すモジュールのソートと演算を，RNE に従って名前換えして得られるモジュールを，モジュール式 $ME*\{RNE\}$ で表す．

以下は，01:のモジュール式 LIST(PNATnz{sort Elt -> Nat})で表されるモジュールに，02:の名前換え表現{sort List -> ListOfPnat, op _|_ -> _$_}で表される名前換えを適用して得られるモジュールをオープンして，式's 0 $ nil'を構文解析するparse命令（03:）を実行している．名前換えの結果，式's 0 $ nil'の構文解析は成功し，03:に対して'((s 0) $ nil):ListOfPnat'が出力される．

```
01:    open LIST(PNATnz{sort Elt -> Nat})
02:           *{sort List -> ListOfPnat, op _|_ -> _$_} .
03:    parse s 0 $ nil .
04:    close
```

2つのモジュール式 $ME1$ と $ME2$ に対し，モジュール和のモジュール式 '$ME1$ + $ME2$' は，モジュール式 $ME1$ が表すモジュールとモジュール式 $ME2$ が表

---

[5] o_{old} や o_{new} が演算記号であるビュー表現と同じ構文である．

すモジュールを共にサブモジュールとするモジュールを表す．$ME1$ と $ME2$ が同じモジュール式であるときは，モジュール式 '$ME1 + ME2$' はモジュール式 $ME1$ と同じと見なされる．

モジュール式 '$ME1 + ME2*\{RNE\}$' は，_*_ が _+_ より強く結合するので，'$(ME1 + ME2)*\{RNE\}$' ではなく，'$ME1 + (ME2*\{RNE\})$' を表す．

以下の 05:-09: は，モジュール式 LIST(PNAT) で表されるモジュールと，モジュール式 LIST(PNAT)*{sort List -> ListOfPnat} で表されるモジュールの，2つをサブモジュールとするモジュールをオープンし，式 's 0 | nil' を構文解析している．式 's 0 | nil' は，2つのサブモジュールの各々で，ソート List の式とソート ListOfPnat の式になるので，ソートが曖昧 (ambiguous) な式としてエラーになる (06:)．07:, 08: の $(exp):Sort$ のように，式のソートを指定するとエラーを回避できる．

```
05:   open LIST(PNAT) + LIST(PNAT)*{sort List -> ListOfPnat} .
06:   parse s 0 | nil .  -- error: ambiguous
07:   parse (s 0 | nil):List .
08:   parse (s 0 | nil):ListOfPnat .
09:   close
```

以下は，式のソートを指定しても曖昧性が解消できないが (13:)，モジュール式が生成するモジュールに名前を付け，そのモジュール名でソートを修飾することで，曖昧性が解消できる例 (14:-15:) を示している．$(exp):Sort.Mod$ のように，ソート $Sort$ をモジュール Mod で修飾するためには，make などを用いて，モジュール式が生成するモジュールに名前を付ける必要がある．

```
10:   make LISTofPNATnz (LIST(PNATnz{sort Elt -> Nat}))
11:   make LISTofPNAT (LIST(PNAT))
12:   open LISTofPNATnz + LISTofPNAT .
13:   parse (s 0 | nil):List .  -- error: ambiguous
14:   parse (s 0 | nil):List.LISTofPNATnz .
15:   parse (s 0 | nil):List.LISTofPNAT .
16:   close
```

2つの同じモジュール式のモジュール和は，そのモジュール式と同じなので，以下の 18: の parse 命令は何のエラーも生じない．

3.4 パラメータ化モジュール LIST= の具体化

```
17:  open LIST(PNAT) + LIST(PNAT) .
18:  parse s 0 | nil .
19:  close
```

サブモジュールを定義する同じモジュール式が2度現れるという意味で，モジュール式'LIST(PNAT)'で定義されるモジュールを2度サブモジュールとして宣言する以下の 21:-22 は，17: のモジュール式'LIST(PNAT) + LIST(PNAT)'の宣言と似ている．しかし，pr(_), ex(_), inc(_) などの宣言は，引数の（モジュール名でない）モジュール式で定義されるモジュールに，内部的に生成されるモジュール名を与え，そのモジュールをサブモジュールとする．ユーザは内部的なモジュール名を利用できないので，25: の式 (s 0 | nil):List が，21: と 22: で生成された2つのモジュールの，どちらかを指示して曖昧性を解消する方法はない．モジュール式が定義するモジュールに名前を付けることで，これを回避できる．

```
20:  mod 2LISTofPNATa {
21:    pr(LIST(PNAT))
22:    pr(LIST(PNAT))
23:  }
24:  open 2LISTofPNATa .
25:  parse (s 0 | nil):List . -- error: ambiguous
26:  close
```

モジュール式が定義するモジュールにモジュール名を与え，そのモジュール名を pr(_), ex(_), inc(_) の引数とする宣言は，新たにモジュールを生成することはなく，そのモジュール名のモジュールをサブモジュールとするだけである．したがって，11: でモジュール名 LISTofPNAT が与えられたモジュールを，以下の 28: と 29: ようにサブモジュールとして宣言しても，曖昧性を生ずることはなく 32: はエラーとならない．

```
27:  mod 2LISTofPNATb {
28:    pr(LISTofPNAT)
29:    pr(LISTofPNAT)
30:  }
31:  open 2LISTofNATb .
```

```
32:    parse s 0 | nil .
33:    close
```

モジュール名でない同じモジュール式を引数に持つ pr(_), ex(_), inc(_) などの宣言を繰り返すと，曖昧性を生じさせるので，'make *ModId* (*ModExp*)' などを使い，生成したモジュールに適切に名前を付けることが必要である [6]．

3.4.4　モジュール式の例：ペアのペアのペア

ペア (pair) を定義するパラメータ化モジュール PAIR を使って，ペアのペアのペアをモジュール式で定義してみよう．

ペアを定義するパラメータ化モジュール PAIR は，以下の 01:-04: で定義される．

```
01:    mod! PAIR (X :: TRIV, Y :: TRIV) {
02:      [Pair]
03:      op _,_ : Elt.X Elt.Y -> Pair {constr} .
04:    }
```

モジュール M で宣言されたソート S の正式な**識別名**（**identifier**）は $S.M$ であるが，名前 S を持つソートが M とそのサブモジュールの中に1つしかないときは，そのソートを S と記すことができる．しかし，ソート S を持つ2つのモジュール M_1, M_2 を共にサブモジュールとするモジュールでは，それら2つのソートを $S.M_1$, $S.M_2$ のように区別する必要がある．03: ではこの機能を使って Elt.X と Elt.Y を区別している．

パラメータモジュール X と Y を組込み自然数のモジュール NAT で具体化すると，モジュール式 PAIR(NAT,NAT) で自然数のペアが定義でき，07: のように 1,2 が期待通り構文解析できる．

```
05:    open PAIR(NAT,NAT) .
06:    parse 1 .
07:    parse 1,2 .
08:    close
```

---

[6] 'pr as *M* (*Mexp*)' のような構文があり，モジュール式 *Mexp* が定義するモジュールに，それを輸入するモジュール内を有効範囲とする名前 *M* を付けることもできる．

3.4 パラメータ化モジュール LIST=の具体化

同じように,以下で自然数のペアのペアを定義しようとすると,09:と10:の2つのモジュール式 PAIT(NAT,NAT) が,同じ内容で内部的に生成された異なる名前を持つり,異なるモジュールを生成するので,ソート名 Pair はどちらのモジュールのソートを意味するか判別不能となり,曖昧性が生じエラーとなる.

```
09:  open PAIR(PAIR(NAT,NAT){sort Elt -> Pair},
10:            PAIR(NAT,NAT){sort Elt -> Pair}) .
```

これを回避するには,以下のように,自然数のペアを定義するモジュールに名前 PAIRofNAT を付けて,それでパラメータモジュール X と Y を具体化すればよい. 22:-25 は期待通り構文解析される.

```
11:  mod! PAIRofNAT {
12:  pr(PAIR(NAT,NAT)*{sort Pair -> PairOfNat})
13:  [Nat < PairOfNat]
14:  }
15:  mod! PAIRofPAIRofNAT {
16:  pr(PAIR(PAIRofNAT{sort Elt -> PairOfNat},
17:           PAIRofNAT{sort Elt -> PairOfNat})
18:     *{sort Pair -> PairOfPairOfNat})
19:  [PairOfNat < PairOfPairOfNat]
20:  }
21:  select PAIRofPAIRofNAT .
22:  parse 1 .
23:  parse 1,2 .
24:  parse 1,(1,2) .
25:  parse (1,2),(1,2) .
```

13:の [Nat < PairOfNat] がないと,24:の式 1,(1,2) が構文解析できずエラーになる.なぜなら,この式を構成する最外演算'_,_: PairOfNat PairOfNat -> PairOfPairOfNat' の第1引数のソート Nat の式 1 が,ソート PairOfNat の式にならないからである.

PAIRofPAIRofNAT と同様にして,自然数のペアのペアのペアは,以下のモジュール PAIRofPAIRofPAIRofNAT で定義され,33:-38:は期待通り構文解析される.

```
26:  mod! PAIRofPAIRofPAIRofNAT {
```

```
27:   pr(PAIR(PAIRofPAIRofNAT{sort Elt -> PairOfPairOfNat},
28:           PAIRofPAIRofNAT{sort Elt -> PairOfPairOfNat})
29:     *{sort Pair -> PairOfPairOfPairOfNat})
30:    [PairOfPairOfNat < PairOfPairOfPairOfNat]
31:   }
32:   select PAIRofPAIRofPAIRofNAT .
33:   parse 1 .
34:   parse 1,2 .
35:   parse 1,(1,2) .
36:   parse 1,(1,(1,2)) .
37:   parse (1,2),(1,(1,2)) .
38:   parse ((1,2),(1,2)),((1,2),(1,2)) .
```

3.5 リストの連接

2つのリストを繋いだリストを作る**連接**（**append**）演算_@_は，3.1で定義されたモジュールLISTを使い，次のモジュールLIST@で定義される．

```
01:   mod! LIST@ (X :: TRIV) {
02:    pr(LIST(X))
03:    op _@_ : List List -> List .
04:    eq nil @ L2:List = L2 .
05:    eq (E:Elt | L1:List) @ L2:List = E | (L1 @ L2) .
06:   }
```

連接演算_@_の働きは，'set trace whole on'(09:)として，以下の簡約命令10:に対する全体トレースc13:-c17:を見ることで端的に理解できる．等式04:-05:により_@_が削除されるので，モジュールLIST@は十分完全である．

```
07:   open LIST@ .
08:    ops e1 e2 e3 : -> Elt .
09:    set trace whole on .
10:    red (e1 | e2 | e3 | nil) @ (e1 | e2 | e3 | nil) .
11:    set trace whole off .
12:   close
```

```
c13: -- reduce in %LIST@(X) :
       ((e1 | (e2 | (e3 | nil))) @ (e1 | (e2 | (e3 | nil)))):List
c14: ---> (e1 | ((e2 | (e3 | nil)) @ (e1 | (e2 | (e3 | nil))))):List
```

```
c15: ---> (e1 | (e2 | ((e3 | nil) @ (e1 | (e2 | (e3 | nil)))))):List
c16: ---> (e1 | (e2 | (e3 | (nil @ (e1 | (e2 | (e3 | nil))))))):List
c17: ---> (e1 | (e2 | (e3 | (e1 | (e2 | (e3 | nil)))))):List
```

3.6　連接の右 nil の証明

以下の 01:-12: は，連接演算 _@_ が右 nil を満たす，つまりモジュール LIST@ で等式 'eq[arn]: L:List @ nil = L .' が成り立つ，ことを L:List に含まれる構成子 _|_ の数に関する帰納法で証明する正しい証明スコアである．03: で L:List を nil で置換えた等式 arn が成り立つことをチェックしている（帰納ベース）．07: で未使用定数 1 を宣言し，08: で L:List をその未使用定数 1 で置換えた等式を仮定する（帰納仮定）．10: で未使用定数 e を宣言し，11: で 1 を 'e | 1' で置換えた等式 arn が成り立つことをチェックしている（帰納ステップ）．03: と 11: の簡約が true を返すので，この証明スコアは有効である．

```
01:   --> induction base
02:   select LIST@ .
03:   red (nil @ nil) = nil .
04:   --> induction step
05:   open LIST@ .
06:   --> induction hypothesis
07:   op l : -> List .
08:   eq (l @ nil) = l .
09:   -- check the step
10:   op e : -> Elt .
11:   red (e | l) @ nil = (e | l) .
12:   close
```

以下は 03: と 11: に対する，'set trace whole on' とした全体トレースである．

```
c13:   -- reduce in LIST@(X) :
       ((nil @ nil) = nil):Bool
c14:   ---> (nil = nil):Bool
c15:   ---> (true):Bool
```

```
c16:   -- reduce in %LIST@(X) :
       (((e | l) @ nil) = (e | l)):Bool
```

```
c17:   --->  ((e | (l @ nil)) = (e | l)):Bool
c18:   --->  ((e | l) = (e | l)):Bool
c19:   --->  (true):Bool
```

c17:-c18:に帰納仮定の等式 08:が適用されている．

c13:-c19:の簡約は，パラメータ化モジュール LIST@(X) を具体化した，LIST@(BOOL) や LIST@(NAT) などの，任意のモジュールで可能であり，「連接の右 nil」は LIST@(X) を具体化した任意のモジュールで成り立つ．同様の推論により，LIST@(X) において証明スコアにより証明された任意の性質は，LIST@(X) を具体化した任意のモジュールで成り立つ．これは任意のパラメータ化モジュールについて成り立つ重要な性質であるので，以下の命題とする．

> **命題 3.1** [**パラメータ化モジュールの性質**]　任意のパラメータ化モジュールにおいて証明スコアにより証明された任意の性質は，そのパラメータ化モジュールを具体化した任意のモジュールで成り立つ．

練習問題 3.4 [**連接の結合則**]　_@_ が結合則を満たす，つまりモジュール LIST@で等式 'eq (L1:List @ L2:List) @ L3:List = L1 @ (L2 @ L3) .' が成り立つことを証明する正しく有効な証明スコアを作成せよ．（ヒント）L1:List に含まれる構成子 _|_ の数に関する帰納法を使え．□

3.7　リストの反転

3.5 のモジュール LIST@で定義された連接 _@_ は，右 nil を満たし (3.6)，かつ結合則を満たす（練習問題 3.4）．したがって，モジュール LIST@に右 nil を宣言する等式を追加し (06:)，連接演算 _@_ の宣言に assoc 属性を付け加えた (03:) 以下のモジュール LIST@a が正当化される．

```
01:   mod! LIST@a(X :: TRIV) {
02:     pr(LIST(X))
03:     op _@_ : List List -> List {assoc} .
04:     eq nil @ L2:List = L2 .
```

3.7 リストの反転

```
05:    eq (E:Elt | L1:List) @ L2:List = E | (L1 @ L2) .
06:    eq L1:List @ nil = L1 .
07:  }
```

リストの**反転**（**reverse**）は以下のモジュール LISTrev の演算 rev で定義される．

```
08:  mod! LISTrev(X :: TRIV) {
09:    pr(LIST@a(X))
10:    op rev : List -> List .
11:    eq rev(nil) = nil .
12:    eq rev(E:Elt | L:List) = rev(L) @ (E | nil) .
13:  }
```

反転演算 rev の働きは，'set trace whole on' として，以下の簡約命令 'red rev (e1 | e2 | e3 | nil) .' (16:) の全体トレースを見ることで端的に理解できる．

等式 11:-12: により演算 rev が削除されるので，モジュール LISTrev は十分完全である．

```
14:  open LISTrev .
15:  ops e1 e2 e3 : -> Elt .
16:  red rev (e1 | e2 | e3 | nil) .
17:  close
```

```
c18:   -- reduce in %LISTrev(X) :
           (rev((e1 | (e2 | (e3 | nil))))):List
c19:   ---> (rev((e2 | (e3 | nil))) @ (e1 | nil)):List
c20:   ---> ((rev((e3 | nil)) @ (e2 | nil)) @ (e1 | nil)):List
c21:   ---> (((rev(nil) @ (e3 | nil)) @ (e2 | nil)) @
                                          (e1 | nil)):List
c22:   ---> (((nil @ (e3 | nil)) @ (e2 | nil)) @ (e1 | nil)):List
c23:   ---> (((e3 | nil) @ (e2 | nil)) @ (e1 | nil)):List
c24:   ---> ((e3 | (nil @ (e2 | nil))) @ (e1 | nil)):List
c25:   ---> ((e3 | (e2 | nil)) @ (e1 | nil)):List
c26:   ---> (e3 | ((e2 | nil) @ (e1 | nil))):List
c27:   ---> (e3 | (e2 | (nil @ (e1 | nil)))):List
c28:   ---> (e3 | (e2 | (e1 | nil))):List
```

3.8 反転の逆分配則の証明

モジュール `LISTrev` で演算 `rev` と `_@_` が等式 `'eq rev(L1:List @ L2:List) = rev(L2) @ rev (L1) .'` を満たすとき,「`rev` は `_@_` に対して逆分配則を満たす」という.以下の `01:-15:` は,`rev` が `_@_` に対して逆分配則を満たすことを `L1:List` に含まれる構成子 `_|_` の数に関する帰納法で証明する正しい証明スコアである.`04:` と `14:` の簡約が `true` を返すので,この証明スコアは有効である.

```
01:   --> induction base
02:   open LISTrev .
03:   op l2 : -> List .
04:   red rev(nil @ l2) = rev(l2) @ rev(nil) .
05:   close
06:   --> induction step
07:   open LISTrev .
08:   -- induction hypothesis
09:   op l1 : -> List .
10:   eq rev(l1 @ L2:List) = rev(L2) @ rev(l1) .
11:   -- check the step
12:   op e : -> Elt .
13:   op l2 : -> List .
14:   red rev((e | l1) @ l2) = rev(l2) @ rev(e | l1) .
15:   close
```

`04:` と `14:` に対する全体トレースは以下のようになる.

```
c16:  -- reduce in %LISTrev(X) :
         (rev((nil @ l2)) = (rev(l2) @ rev(nil))):Bool
c17:  ---> (rev(l2) = (rev(l2) @ rev(nil))):Bool
c18:  ---> (rev(l2) = (rev(l2) @ nil)):Bool
c19:  ---> (rev(l2) = rev(l2)):Bool
c20:  ---> (true):Bool


c21:  -- reduce in %LISTrev(X) :
         (rev(((e | l1) @ l2)) = (rev(l2) @ rev((e | l1)))):Bool
c22:  ---> (rev((e | (l1 @ l2))) = (rev(l2) @ rev((e | l1)))):Bool
c23:  ---> ((rev((l1 @ l2)) @ (e | nil)) =
                             (rev(l2) @ rev((e | l1)))):Bool
c24:  ---> (((rev(l2) @ rev(l1)) @ (e | nil)) =
                             (rev(l2) @ rev((e | l1)))):Bool
```

```
c25:    ---> (((rev(l2) @ rev(l1)) @ (e | nil)) =
                        (rev(l2) @ (rev(l1) @ (e | nil)))):Bool
c26:    ---> (true):Bool
```

c23:-c24:に帰納仮定の等式10:が適用されている．c25:-c26:に連接演算 _@_ が結合則を満たすことが使われている．

練習問題3.5 [反転の反転は恒等] 演算revを2度適用すると恒等演算になる，つまりモジュールLISTrevで等式'eq rev(rev(L:List) = L .'が成り立つ，ことをL:Listに含まれる構成子_|_の数に関する帰納法で証明する正しく有効な証明スコアを作成せよ．□

練習問題3.6 [2引数の反転演算] 以下のモジュールLISTrev2で定義される2引数の反転演算rev2について，等式'eq rev2(L1:List,L2:List) = rev(L1) @ L2 .'が成り立つことをL1:Listに含まれる構成子_|_の数に関する帰納法で証明する正しく有効な証明スコアを作成せよ．

```
mod! LISTrev2(X :: TRIV) {
pr(LISTrev(X))
-- two arguments reverse operation
op rev2 : List List -> List .
eq rev2(nil,L2:List) = L2 .
eq rev2(E:Elt | L1:List,L2:List) = rev2(L1,E | L2) .
}
```

□

第4章

列，集合と仕様計算

　重要な汎用データ構造である**列**（sequence）や集合は，結合則や可換則を満たす2項演算を用いて定義できる．この章では，列や集合を定義するパラメータ化モジュールとそれらに関する証明スコアを示す．さらに，集合に関する証明スコアを通して，場合分けの系統化と自動化を可能とする**仕様計算**（specification calculus）の考え方と，それに基づく証明スコアの作成法を学ぶ．

4.1 列の定義

e_1, e_2, e_3 がソート Elt の要素（すなわち $e_1, e_2, e_3 \in \overline{\text{Elt}}$）であり，ランク 'Elt Elt -> Elt' を持つ 2 項演算 '__' が結合則を満たすとする．式 $((e_1e_2)e_3)$ と同等[1]な式は $(e_1(e_2e_3))$ だけであり，この 2 つの式から '(' と ')' をすべて取り去るといずれも列 $e_1e_2e_3$ になる．また，式 $(((e_1e_2)e_3)e_1)$ と結合則から同等な式は

$(e_1(e_2(e_3e_1))), ((e_1(e_2e_3))e_1), (e_1((e_2e_3)e_1)), ((e_1e_2)(e_3e_1))$

の 4 つだけであり，これらの 5 つの式から '(' と ')' をすべて取り去るといずれも列 $e_1e_2e_3e_1$ になる．つまり，演算 '__' の結合則から同等になるすべての式は，それらの式から '(' と ')' をすべて取り去ると，要素の列として同一になる．すなわち，結合則から同等な式は列を表す．

一般には次のようになる．要素 $e_1, e_2, \ldots, e_n \in$ Elt に演算 '__' を適用して得られる式 t から，演算の結合順を示す '(' と ')' をすべて取り去った文字列を $\overline{t}^{\text{sq}}$ と記す．任意の 2 つの式 t_i, t_j について，$\overline{t_i}^{\text{sq}} = \overline{t_j}^{\text{sq}}$ となることが，式 t_i と式 t_j が演算 '__' の結合則により同等であることの必要十分条件である．したがって，$\overline{t_i}^{\text{sq}} = e_1^i e_2^i \cdots e_m^i$ とすると，結合則により t_i と同等な式はすべて，列 $e_1^i e_2^i \cdots e_m^i$ を表す．すなわち，結合則により同等な式は列を定義する．

以下のパラメータ化モジュール SEQ は，結合則を満たす 2 項演算 '__' を用いて列を定義する．

```
01:  mod! SEQ (X :: TRIV) {
02:  [Elt < Seq]
03:  op nil : -> Seq {constr} .
04:  op __ : Seq Seq -> Seq {constr assoc id: nil} .
05:  }
```

02:によりソート Elt はソート Seq のサブソートと宣言され，03:で定数 nil が，04:で結合則を満たす 2 項演算 '__' が，それぞれソート Seq の構成子と宣言される．これらにより，ソート Elt の要素（$e_1, e_2, \ldots \in$ Elt）と nil に 2 項演算 '__' を適用して得られる任意の式が，ソート Seq の要素である．たとえば，'nil e_1 nil e_2 nil e_3' や 'e_1 nil $e_2 e_3$ nil' はソート Seq の要素である．04:の属

---
[1] 同等については 1.6.2 参照.

性リスト中の'id: nil'は nil が演算'__'の単位元であると宣言しており，システムは以下の等式をモジュール SEQ に追加する．

```
06:    eq (nil X-ID:Seq) = X-ID .
07:    eq (Y-ID:Seq nil) = Y-ID .
```

したがって，'$nil\, e_1\, nil\, e_2\, nil\, e_3$'や'$e_1\, nil\, e_2\, e_3\, nil$'は'$e_1\, e_2\, e_3$'と等価になる．
以下の 08:-16: はモジュール SEQ の基本的な機能を示す．

```
08:    open SEQ(NAT) .
09:    red (1 2) 3 = 1 (2 3) .  --> true
10:    red (1 2) (3 4) = (1 (2 3)) 4 .  --> true
11:    show op __ .
12:    red nil 1 nil 2 nil = 1 2 .  --> true
13:    show op _=_ .
14:    red 1 = 1 2 .  --> (1 = (1 2))
15:    red 1 2 = 2 1 .  --> ((1 2) = (2 1))
16:    close
```

08: で組込みの自然数 $(0, 1, 2, 3, \ldots \in$ Nat$)$ の列を定義するモジュール SEQ(NAT) をオープンする．09:-10: は true を出力し，演算'__'の適用順序に関わらず式が同等であることを示す．11: で 06:-07: の等式が宣言されていることが確認できる．これらの等式により 12: の左辺'nil 1 nil 2 nil'は'1 2'に簡約され，red 命令は true を出力する．assoc 属性が宣言された 2 項演算'__'については，'nil 1 nil 2 nil'のように丸括弧を省いても，システムが勝手に丸括弧を補うので，構文解析エラーにならない．13: でソート Seq 上で有効な述語 _=_ に対する等式は，'eq (CUX:*Cosmos* = CUX) = true .'[2] だけであることが確認される．したがって，14:-15: の red 命令の出力は，期待される false ではなく，それぞれ (1 = (1 2)) と ((1 2) = (2 1)) を出力する．14:-15: の red 命令の出力が true になるように述語 _=_ を精密化する仕方は 4.3 で説明する．

以下の 17:-27: は自然数の列に少なくとも 2 つの 1 があるかを検査する述語を定義しそれをテストしている．

---

[2] *Cosmos* は組込みのソート変数で任意のソートにマッチする（1.6.1 参照）．

```
17:    open SEQ(NAT) .
18:    pred inc1&1 : Seq .
19:    eq inc1&1(S:Seq) =
20:       ((S1:Seq 1 S2:Seq 1 S3:Seq) := S:Seq) .
21:    red inc1&1(1 2) . --> false
22:    red inc1&1(1 1) . --> true
23:    red inc1&1(1 1 1) . --> true
24:    red inc1&1(1 2 3) . --> false
25:    red inc1&1(2 1 3 1 4) . --> true
26:    red inc1&1(1 2 3 4 5 6 7 8 9 10 11 12 13) .   --> false
27:    close
```

18:で inc1&1 がソート Seq 上の述語であると宣言される．19:-20:は inc1&1(S: Seq) を ((S1:Seq 1 S2:Seq 1 S3:Seq) := S:Seq)[3] で定義する．_:=_はランク '*Cosmos* *Cosmos* -> Bool' の組込みのマッチ述語（match predicate）である．((S1:Seq 1 S2:Seq 1 S3:Seq) := S:Seq) は，S にバインド[4]された式が，3つの変数 S1, S2, S3 に適当な式をバインドすることで，式 (S1 1 S2 1 S3) と同等になれば true になり，そうでなければ false となる．一般には，右辺はすでに必要な変数の具体化が済んだ式 e_r であると仮定して，'e_l := e_r' は，式 e_l に含まれる変数に適当な式をバインドすることで式 e_l が式 e_r と等価になれば true になり，そうでなければ false となる．組込み述語 _:=_ は，「左辺の未使用変数に右辺の式の部分式をマッチによりバインドできる」という意味で特別で強力な述語である．

02:-03:で，nil をソート Seq の定数と宣言し，その nil に対し 'id: nil' が宣言されている．この 'id: nil' 宣言は，_:=_ の左辺に現れるソート Seq の未使用変数 S1:Seq, S2:Seq, S3:Seq に nil をバインドすることを許す．'idr: nil' 宣言（1.2.2 参照）にはこの機能はない．

21:の red 命令は false を出力する．これは，変数 S に式 (1 2) がバインドされ，変数 S1, S2, S3 にどのような式をバインドしても式 (S1 1 S2 1 S3) は式 (1 2) と等価にはならないからである．

22:は，変数 S1, S2, S3 すべてに nil をバインドすると，(S1 1 S2 1 S3) は (1 1) と等価なので，true を出力する．

---

[3] 20:の S:Seq は，19:の等式の左辺で S:Seq と宣言されているので，S と簡略化してよい．
[4] 「変数 V に式 e をバインドする」ことを，「変数 V を式 e に具体化する」とも言う（1.4 参照）．

23:は，変数 S1, S2, S3 のどれか 1 つに 1 をバインドし，他の 2 つに nil をバインドすれば，(S1 1 S2 1 S3) は (1 1 1) と等価なので，true を出力する．

24:は 21:と同様の理由で false を出力する．

25:は，'S1 -> 2'，'S2 -> 3'，'S3 -> 4' とバインドすると (S1 1 S2 1 S3) は (2 1 3 1 4) と等価なので，true を出力する．

26:は 21:と同様の理由で false を出力する．一般に，変数 S にバインドされる入力列が長いときには変数 S1, S2, S3 へのバインドを組合せ的に探索するのに時間がかかる．特に，可能なすべてのバインドをチェックして false と判定するにはより時間がかかる．

_:=_ の左辺に現れる変数に単位元 nil のバインドを許すという，'id: nil' 宣言の機能は強力である．この機能がなければ，nil の変数へのバインドが必要な 22:, 23:などは true とならず，25:だけが true となる．たとえば，'id: nil' の代わりに 'idr: nil' が宣言されたパラメータ化モジュール SEQidr を定義し，変数に nil がバインドされないモジュール SEQidr(NAT) で，18:-20:の述語 inc1&1 を定義したとしよう．SEQidr(NAT) では 20:の左辺の変数 S1, S2, S3 を nil で置換える仕方をすべて網羅した，8 つのマッチ述語を _or_ で繋いだ述語が必要になる．

練習問題 4.1 [自然数列の述語]　次の述語を定義せよ．

(1)　モジュール SEQ(NAT) で，自然数の列に「1, 2, 3 がこの順番で現れる」かを検査する述語．

(2)　モジュール SEQ(NAT) で，自然数の列に「1 が最低 2 回現れかつ同じ自然数が最低 3 回現れる」かを検査する述語．

(3)　'id: nil' の代わりに 'idr: nil' が宣言されたパラメータ化モジュールを SEQidr とする．モジュール SEQidr(NAT) で，自然数の列に少なくとも 2 つの 1 があるかを検査する述語．　□

4.2 列の反転

以下のパラメータ化モジュール SEQrev1 は，列 S の要素の並びを反転した列 rev1(S) を作り出す．ランク 'Seq -> Seq' の演算 rev1 を定義する．

```
01: mod! SEQrev1(X :: TRIV) {
02:   pr(SEQ(X))
03:   op rev1 : Seq -> Seq .
04:   eq rev1(nil) = nil .
05:   eq rev1(E:Elt S:Seq) = rev1(S) E .
06: }
```

モジュール SEQrev1(NAT) で 'set trace whole on' として得られる，以下の 'red rev1(1 2 3 4) .' のトレース (c07:-c13:) が rev1 の振舞いを端的に示す．

```
c07: -- reduce in %SEQrev1(X <= NAT) :
        (rev1(((1 2) (3 4)))):Seq
c08: ---> (rev1((2 (3 4))) 1):Seq
c09: ---> ((rev1((3 4)) 2) 1):Seq
c10: ---> (((rev1(4) 3) 2) 1):Seq
c11: ---> ((((rev1(nil) 4) 3) 2) 1):Seq
c12: ---> ((((nil 4) 3) 2) 1):Seq
c13: ---> (((4 3) 2) 1):Seq
```

等式 04:-05: が rev1 を削除するので，モジュール SEQrev1 は十分完全である．練習問題 3.5 のリスト構造上の rev と同様に，rev1 を 2 度適用すると恒等演算になる，つまり等式 'eq rev1(rev1(S:Seq) = S .' が成り立つ．この証明のためは，rev1 が演算 __ に逆順で分配することを示した等式 'eq rev1(S1:Seq S2:Seq) = rev1(S2) rev1(S1) .' が必要である．ただし，ソート Seq の定数 s に対して，S1:Seq を s に S2:Seq を nil にバインドすると，rev1(s) は左辺 rev1(S1:Seq S2:Seq) にマッチし，この等式は rev1(s) を rev1(s) に書き換える．したがって，この等式は無限の書換え rev1(s) $\stackrel{1}{\Rightarrow}$ rev1(s) $\stackrel{1}{\Rightarrow}$ $\cdots$ を引き起こす．これを回避するために，論理的には等価な以下の条件付き等式 (14:-15:) を使う必要がある．

4.2 列の反転

```
14:   cq[r1d]: rev1(S1:Seq S2:Seq) = rev1(S2) rev1(S1)
15:               if not((S1 == nil) or (S2 == nil)) .
```

14:-15:の条件付き等式 [r1d] が成り立つことは以下の (R1D) が成り立つことであり[5]，また，(R1D) が成り立てば 14:-15:の条件付き等式 [r1d] による書換え（簡約）の正しさが保証される．

(R1D)
$$(\forall S1, S2 \in \mathtt{Seq}\ (\\ (\mathrm{not}((S1 == \mathtt{nil})\ \mathrm{or}\ (S2 == \mathtt{nil}))\ \mathrm{implies}\\ (\mathrm{rev1}(S1\ S2) = \mathrm{rev1}(S2)\ \mathrm{rev1}(S1)))\\ =_{\mathtt{SEQrev1}} \mathrm{true}))$$

以下の 16:-55:は，モジュール SEQrev1 で，14:-15:の条件付き等式 [r1d] が成り立つことを，変数 S1:Seq に含まれるソート Elt の要素の数に関する帰納法で証明する有効な証明スコアである．

```
16:   --> proof goal module
17:   mod SEQr1d {
18:   pr(SEQrev1)
19:   pred r1d : Seq Seq .
20:   eq r1d(S1:Seq,S2:Seq) =
21:      (not((S1 == nil) or (S2 == nil))) implies
22:      (rev1(S1 S2) = rev1(S2) rev1(S1)) . }
23:   --> induction base
24:   mod SEQr1d-base {
25:   inc(SEQr1d)
26:   -- fresh proof constants
27:   op s2 : -> Seq .
28:   }
29:   open SEQr1d-base .
30:   eq s2 = nil .
31:   red r1d(nil,s2) .
32:   close
33:   open SEQr1d-base .
34:   eq (s2 = nil) = false .
35:   red r1d(nil,s2) .
36:   close
37:   --> induction step
38:   mod SEQr1d-step {
39:   inc(SEQr1d)
40:   -- induction hypothesis
```

---

[5] $(e =_M e')$ と $((e = e') =_M \mathrm{true})$ の関係については 2.2.1 参照．

```
41:    op s1 : -> Seq .
42:    cq rev1(s1 S2:Seq) = rev1(S2) rev1(s1)
43:       if not((s1 == nil) or (S2 == nil)) .
44:    -- fresh proof constants
45:    op e : -> Elt .
46:    op s2 : -> Seq .
47:    }
48:    open SEQr1d-step .
49:    eq s2 = nil .
50:    red r1d(e s1,s2) .
51:    close
52:    open SEQr1d-step .
53:    eq (s2 = nil) = false .
54:    red r1d(e s1,s2) .
55:    close
```

17:-22:のモジュール SEQr1d は条件 (R1D) を述語 r1d として定義している．

23:-36:は $(S1 = \text{nil})$ として，帰納ベース（つまり $S1$ が 0 個の要素を含む場合）をチェックする．

27:の未使用定数 s2 は任意の要素を表すが，組込み述語 _==_ の定義 (2.2.2 参照) から (s2 == nil) は常に false となり (s2 == nil) が true の場合が無視されるので，'eq s2 = nil .' と 'eq (s2 = nil) = false .' で場合分けをする．2.2.2 で説明した通り，等価判定述語 _==_ が false となる場合は十分な注意が必要である．

31 と 35:の red 命令はいずれも true を返し帰納ベースが証明される．

37:-55:は帰納ステップの証明スコアである．

41:-43:は帰納仮定を条件付き等式 [r1d] で $(S1 = \text{s1})$ として宣言する．50: と 54:は $(S1 = (\text{e s1}))$ として，帰納ステップ（つまり $S1$ が s1 より 1 つ多い要素を含む場合）をチェックする．

構成子モデルだけが対象なので，(e s1) についてチェックすることで $S1$ が s1 より 1 つ多い要素を含む場合をチェックしたことになる．

'eq s2 = nil .' と 'eq (s2 = nil) = false .' で場合分けが必要なのは帰納ベースと同じである．SEQr1d-step については s1 についても同様の場合分けが必要であるが省略する．

50: と 54:の red 命令ははいずれも true を返し帰納ステップが証明される．

4.2 列の反転

以下の 56:-71: は，モジュール SEQrev1 で，等式 'eq rev1(rev1(S:Seq) = S .' が成り立つことを，変数 S:Seq に含まれるソート Elt の要素の数に関する帰納法で証明する，有効な証明スコアである．

```
56:     --> induction base
57:     select SEQrev1 .
58:     -->  check the base
59:     red rev1(rev1(nil)) = nil .
60:     --> induction step
61:     open SEQrev1 .
62:     -- already proved property
63:     cq[r1d]: rev1(S1:Seq S2:Seq) = rev1(S2) rev1(S1)
64:             if not((S1 == nil) or (S2 == nil)) .
65:     -- induction hypothesis
66:     op s : -> Seq .
67:     eq rev1(rev1(s)) = s .
68:     --> check the step
69:     op e : -> Elt .
70:     red rev1(rev1(e s)) = (e s) .
71:     close
```

63:-64: は，すでに証明された 14:-15: の条件付き等式 [r1d] を補題 (lemma)[6] として宣言している．63:-64: を削除して 61:-71: の帰納ステップのチェックを実行すると，70: の red 命令は (rev1((rev1(s) e)) = (e s)):Bool を出力し，条件付き等式 [r1d] が補題として必要であることが確認できる．

以下のパラメータ化モジュール SEQrev2 は，任意の列 S に対し (rev2(S,nil) = rev1(S)) となる，ランク 'Seq Seq -> Seq' の演算 rev2 を定義する．

```
72:     mod! SEQrev2(X :: TRIV) {
73:     pr(SEQrev1(X))
74:     op rev2 : Seq Seq -> Seq .
75:     eq rev2(nil,S2:Seq) = S2 .
76:     eq rev2(E:Elt S1:Seq,S2:Seq) = rev2(S1,E S2) .
77:     }
```

モジュール SEQrev2(NAT) を open し，'set trace whole on' として得られる，以下の 'red rev2(1 2 3 4,nil) .' のトレース（c57:-c62:）が rev2 の

---
[6] 補助定理とも呼ばれる．

振舞いを端的に示す．

```
c78:    -- reduce in %SEQrev2(X <= NAT) :
           (rev2(((1 2) (3 4)),nil)):Seq
c79:    --->  (rev2((2 (3 4)),1)):Seq
c80:    --->  (rev2((3 4),(2 1))):Seq
c81:    --->  (rev2(4,(3 (2 1)))):Seq
c82:    --->  (rev2(nil,(4 (3 (2 1))))):Seq
c83:    --->  (4 (3 (2 1))):Seq
```

等式 75:-76:が rev2 を削除するので，モジュール SEQrev2 は十分完全である．パラメータ化モジュール SEQrev2 で，等式 'eq rev2(S1:Set,S2:Seq) = rev1(S1) S2 .' が成り立つことが証明できる．これから，S2:Seq を nil と具体化することで，($\forall S \in$ Seq(rev2(S,nil) = rev1(S))) つまり等式 'eq rev2(S1:Set,nil) = rev1(S1) .' が成り立つことが示される．

練習問題 4.2 [SEQrev2] パラメータ化モジュール SEQrev2 で，等式 'eq rev2(S1:Set, S2:Seq) = rev1(S1) S2 .' が成り立つことを示す有効な証明スコアを作れ．□

4.3 列の等価性

4.1/14:-15:で，red 命令の出力が false にならなかったのは，モジュール SEQ のソート Seq 上の等価述語 _=_ の定義が十分でなかったせいである．以下の 01:-15:はこの問題点を解消したモジュール SEQ=s を定義する．

```
01:     mod* TRIV=e {
02:     [Elt]
03:     pred _=e_ : Elt Elt {comm} .
04:     eq (E:Elt =e E) = true .
05:     cq [:nonexec]: E1:Elt = E2:Elt if (E1 =e E2) .
06:     }
07:     mod! SEQ=s (X :: TRIV=e) {
08:     pr(SEQ(X))
09:     pred _=s_ : Seq Seq {comm} .
10:     eq (S:Seq =s S:Seq) = true .
11:     cq [:nonexec]: S1:Seq = S2:Seq if (S1 =s S2) .
12:     eq (nil =s (E:Elt S2:Seq)) = false .
```

4.3 列の等価性

```
13:    eq ((E1:Elt S1:Seq) =s (E2:Elt S2:Seq)) =
14:       ((E1 =e E2) and (S1 =s S2)) .
15:    }
```

09:でソート Seq 上の等価述語_=s_を宣言し，10:，12:，13:-14:の3つの等式でそれを定義する．13:-14:でソート Elt 上の等価述語_=e_に基づき，等価述語_=s_を定義するので，ソート Elt とソート Seq の等価述語を_=e_と_=s_で区別する．もしこの2つの等価述語_=e_と_=s_を，共に組込みの等価述語_=_で表すとすると，13:-14:の等式は以下のようになる．

```
   eq ((E1:Elt S1:Seq) = (E2:Elt S2:Seq)) =
      ((E1 = E2) and (S1 = S2)) .
```

この等式は，S1:Seq と S2:Seq が共に nil に具体化されると，'(E1:Elt = E2:Elt) = (E1 = E2)'となり，無限の書換えを引き起こすという問題が生ずる．

04:-05:は_=e_がソート Elt 上の等価述語であることを，10:-11:は_=s_がソート Seq 上の等価述語であることを，それぞれ特徴付ける．2.2 で説明した通り，'pred _=_: Seq Seq {comm} .'のように，組込みの等価述語_=_と同じ名前の等価述語を Seq 上に宣言すれば，組込みの等式'eq (CUX:*Cosmos* = CUX) = true .'や'ceq [:nonexec]: CUX:*Cosmos* = CUY:*Cosmos* if (CUX = CUY) .'のソート変数*Cosmos*を Seq に具体化した等式'eq (CUX:Seq = CUX) = true .'や'ceq [:nonexec]: CUX:Seq = CUY:Seq if (CUX = CUY) .'が自動的に有効になる．しかし，_=e_や_=s_のように，_=_と異なる名前の等価述語を使うときは，04:-05:や 10:-11:のように，_=e_や_=s_が等価述語であることを特徴付ける等式を宣言する必要がある．

等式 10:，12:-14:が等価述語_=s_を削除するので，モジュール SEQ=s は十分完全である．

以下の 18:，23:，25:は SEQ=s の_=s_が，期待通り false を返すことを示している．

```
16:    open SEQ=s(NAT{op (E1:Elt =e E2:Elt) -> (E1:Nat = E2:Nat)}) .
17:    red 1 =s 2 .  --> (1 = 2)
18:    red 1 =s 1 2 .  --> false
```

```
19:   red 1 2 =s 1 3 . --> (2 = 3)
20:   red 1 2 =s 1 2 . --> true
21:   close
```

```
22:   open SEQ=s(NAT{op (E1:Elt =e E2:Elt) -> (E1:Nat == E2:Nat)}) .
23:   red 1 =s 2 . --> false
24:   red 1 =s 1 2 . --> false
25:   red 1 2 =s 1 3 . --> false
26:   red 1 2 =s 1 2 . --> true
27:   close
```

4.4 多重集合の定義

多重集合(multiset)[7]は,含まれる要素の数を考慮した集合であり,同じ要素を2つ含む{1,1}と1つだけを含む{1}は,集合としては等価であるが,多重集合としては等価でない.また{1,1,2}と{2,1}も,集合としては等価であるが,多重集合としては等価でない.

結合則を満たす演算'__'は列を定義したが,演算'__'が結合則に加え可換則を満たせば,多重集合が定義できる.要素 $e_1, e_2 \in$ Elt に演算'__'を適用して得られる式について考える.演算'__'が結合則と可換則を満たすと,式 $((e_1 e_1)e_2)$ に同等な式は

$(e_1(e_1 e_2))$, $((e_1 e_2)e_1)$, $(e_1(e_2 e_1))$, $((e_2 e_1)e_1)$, $(e_2(e_1 e_1))$

の5つだけである.これらの同等な6つの式は,部分式として現れる要素の多重集合がすべて{e_1, e_1, e_2}である.すなわち,結合則と可換則により同等な式は多重集合を表す.

一般には次のようになる.要素 $e_1, e_2, \ldots, e_n \in$ Elt に演算'__'を適用して得られる式 t について,部分式として現れる要素の多重集合を $\overline{t}^{\mathrm{ms}}$ と記す.任意の2つの式 t_i, t_j について,$\overline{t_i}^{\mathrm{ms}} = \overline{t_j}^{\mathrm{ms}}$ が,演算'__'の結合則と可換則により式 t_i と式 t_j が同等となることの,必要十分条件である.したがって,$\overline{t_k}^{\mathrm{ms}} = \{e_1^k, e_2^k, \ldots, e_n^k\}$ とし,結合則と可換則により t_k に同等な任意の式を t_l とすると,$\overline{t_l}^{\mathrm{ms}} = \{e_1^k, e_2^k, \ldots, e_m^k\}$ となる.すなわち,結合則と可換則により同等な式は多重集合を定義する.

---

[7] 多重集合はバッグ(bag)とも呼ばれる.

4.4 多重集合の定義

以下のパラメータ化モジュール MSET は，結合則と可換則を満たす2項演算 '__' を用いて多重集合を定義する．

```
01:  mod! MSET(X :: TRIV) {
02:  [Elt < MSet]
03:  op empty : -> MSet {constr} .
04:  op __ : MSet MSet -> MSet {constr assoc comm id: empty} .
05:  }
```

4.1/02:-04: と同様に，02:-04: により，ソート MSet を構成する式が定義され，empty が単位元であることを宣言する等式（以下の 06:）がモジュール MSEQ に追加される[8]．演算 '__' は comm 属性を持ち可換則を満たすので，左単位元の等式が右単位元の等式も意味する．

```
06:  eq (empty X-ID:MSet) = X-ID .
```

以下の 07:-14: はモジュール MSET の基本的な機能を示す．

```
07:  open MSET(NAT) .
08:  show op __ .
09:  red 1 1 2 = 1 2 1 .  --> true
10:  red 2 1 empty = 1 empty 2 .  --> true
11:  show op _=_ .
12:  red 1 1 = 1 .  --> ((1 1) = 1)
13:  red 1 empty = 2 .  --> (1 = 2)
14:  close
```

07: で組込みの自然数の多重集合を定義するモジュール MSET(NAT) をオープンする．09: は，comm 属性により，要素 1，2 の並び順に関わらず同等であると判定されていることを示す．Seq の場合と同様に，MSet 上で有効な述語 _=_ に対する等式は，両辺が同等なときに true とするものだけである（11: で確認できる）．したがって，12:-13: の red 命令の出力は，期待される false ではなく，それぞれ ((1 1) = 1) と (1 = 2) となる．12:-13: の red 命令の出力が true になるように述語 _=_ を精密化する仕方は 4.15 で説明する．

以下の 17:-27: は自然数の多重集合に少なくとも 1 が 2 つと 2 が 1 つが含まれるかを検査する述語を定義しそれをテストしている．

---

[8] 08: や命令 'show MSEQ .' で確認できる．

```
15:     open MSET(NAT) .
16:     pred inc1&1&2 : MSet .
17:     eq inc1&1&2(S:MSet) = ((1 1 2 S1:MSet) := S) .
18:     red inc1&1&2(1) .   --> false
19:     red inc1&1&2(1 2) .   --> false
20:     red inc1&1&2(1 1 2) .   --> true
21:     red inc1&1&2(2 1 2 1) .   --> true
22:     red inc1&1&2(1 2 3 4) .   --> false
23:     close
```

列ではなく多重集合としてのマッチであるので，17:のマッチ述語 _:=_ の左辺を (1 1 2 S1:MSet) とするだけで，「少なくとも1が2つと2が1つが含まれる」多重集合が定義できる．04:で演算 __ に 'id: empty' 属性が宣言されているので，(1 1 2 S1:MSet) の S1 に empty をバインドすることができ，20:は true を出力する．変数 S を (2 1 2 1) に，変数 S1 を 2 に具体化すると，17:の等式により，inc1&1&2(2 1 2 1) は，((1 1 2 2) := (2 1 2 1)) に等しい．このマッチ述語 _:=_ の両辺は，演算 __ の結合則と可換則から同等になるので，21:は true を出力する．

4.5 集合の定義

以下のパラメータ化モジュール SET が集合を定義する．

```
01:     mod! SET(X :: TRIV) {
02:       inc(MSET(X)*{sort MSet -> Set})
03:       cq S:Set S = S if not(S == empty) .
04:     }
```

02:により，モジュール MSET(X) のソート MSet を Set に名前換えしたモジュールが，モジュール SET のサブモジュールとなる．03:の条件付き等式は，ソート Set の式 S 2つに演算 '__' で適用して得られる式 'S:Set S' は，式 'S' に等価であると宣言する．これにより，同じ要素が複数回現れても 1 回だけ現れるものに等価になり，集合として等しい多重集合はすべて等価になる．条件 not(S == empty) が必要なのは，S が empty であることを許すと，empty は単位元なので，'(S:Set S) := empty' は true となり，03:の等式の左辺は empty とマッチするので，empty $\stackrel{1}{\Rightarrow}$ empty $\stackrel{1}{\Rightarrow}$ ⋯ という無限の簡約（書換え）が起き得るからで

4.5 集合の定義   **117**

ある.(S = empty)でなく(S == empty)なのは,'op s : -> Set .'と定義されるソート Set の定数に対し,'(s s) $\xrightarrow{1}$ s' と簡約して欲しいからである.
以下の 05:-16:はモジュール SET の基本的な機能を示す.

```
05:    open SET(NAT) .
06:    show op __ .
07:    red 1 2 1 2 = 1 2 .  --> true
08:    red 2 1 empty = 1 empty 2 .  --> true
09:    show  op _=_ .
10:    red 1 = 1 2 .  --> (1 = 1 2)
11:    red 1 2 = 2 3 .  --> ((1 2) = (2 3))
12:    red (S:Set S) := empty .  --> true
13:    red empty .  --> empty; no infinite reduction
14:    op s : -> Set .
15:    red s s .  --> s
16:    close
```

10:-11:の red 命令の出力が false になるように述語 _=_ を精密化する仕方は 4.15 で説明する.12:-15:は,03:の等式が意図した動きをしていることを示す.
以下の 17:-25:は自然数の集合に 1 と 2 が共に含まれるかを検査する述語を定義しそれをテストしている.

```
17:    open SET(NAT) .
18:    pred inc1&2 : Set .
19:    eq inc1&2(S:Set) = ((1 2 S1:Set) := S) .
20:    red inc1&2(1) .  --> false
21:    red inc1&2(1 2) .  --> true
22:    red inc1&2(1 1 2) .  --> true
23:    red inc1&2(2 1 2 1) .  --> true
24:    red inc1&2(1 2 3 4) .  --> true
25:    close
```

練習問題 4.3 [**自然数の多重集合／集合の述語**]　次の述語を定義せよ.
(1)　自然数の多重集合が「1 を 2 個以上含みかつ 2 を 2 個以下含む」を満たすかを判定する述語.
(2)　自然数の集合が「1 と 2 を共に含みかつ 3 と 4 いずれかを含まない」を満たすかを判定する述語.
(3)　自然数の集合が「1 と 2 を含むときは 3 を含む」を満たすかを判定する述語.　□

4.6 集合の和と積

2つの集合のいずれかに属する要素からなる集合は**和集合**（**union**）と呼ばれる．4.5のモジュールSETのランク'Set Set -> Set'の演算__（ソートSetの構成子）は2つの集合$s1, s2$の和集合($s1\ s2$)を定義する．

2つの集合のいずれにも属する要素からなる集合は**積集合**（**intersection**）[9]と呼ばれる．2つの集合$s1, s2$の積集合($s1$ ^ $s2$)を定義するには，要素が集合のメンバーであるかを判定する**メンバー述語**（**member predicate**）_in_が必要である．以下のモジュールSETinはメンバー述語_in_を定義する．

```
01: mod! SETin (X :: TRIV=e) {
02:   pr(SET(X))
03:   pred _=s_ : Set Set {comm} .
04:   eq (S:Set =s S) = true .
05:   cq[:nonexec]: S1:Set = S2:Set if (S1 =s S2) .
06:   pred _in_ : Elt Set .
07:   eq E:Elt in empty = false .
08:   eq E1:Elt in (E2:Elt S:Set) = (E1 =e E2) or (E1 in S) .
09: }
```

01:のパラメータモジュールXを規定するモジュールTRIV=eは4.3/01:-06:に示されている．03:-05:は4.3/09:-11:と同様にソートSet上の等価述語を規定する．メンバー述語_in_はソートElt上の等価述語_=e_を使って定義される（08:）．

07:-08:の等式はメンバー述語_in_を第2引数のサイズの小さなものに次々帰着させ削除する．したがって，モジュールSETinは十分完全である．

以下の10:-15:はメンバー述語_in_の基本的機能を示す．

```
10: open SETin(NAT{op E1:Elt =e E2:Elt -> E1:Nat == E2:Nat}) .
11:   red 1 in empty . --> false
12:   red 1 in 1 . --> true
13:   red 1 in (1 2) . --> true
14:   red 3 in (1 2) . --> false
15: close
```

---

[9] 共通集合，交叉などとも呼ばれる．

以下のモジュール SET^ はメンバー述語 _in_ を使って，2つの集合の積集合を求める演算 _^_ を定義する．

```
16:  mod! SET^ (X :: TRIV=e) {
17:    pr(SETin(X))
18:    op _^_ : Set Set -> Set .
19:    eq empty ^ S2:Set = empty .
20:    eq (E:Elt S1:Set) ^ S2:Set =
21:       if E in S2 then E (S1 ^ S2) else (S1 ^ S2) fi .
22:  }
```

19:-21: の等式は積集合演算 _^_ を第1引数のサイズの小さなものに次々帰着させ削除する．したがって，モジュール SET^ は十分完全である．

以下の 23:-28: は積集合演算 _^_ の基本的機能を示す．

```
23:  open SET^(NAT{op E1:Elt =e E2:Elt -> E1:Nat == E2:Nat}) .
24:  red (1 2 3) ^ (2 3 4) . --> (2 3)
25:  red ((1 2) ^ (2 3)) ^ (3 4) =s
         (1 2) ^ ((2 3) ^ (3 4)) . --> true
26:  red (1 2) ^ (2 3) =s (2 3) ^ (1 2) . --> true
27:  red (1 2) ^ (1 2) =s (1 2) . --> true
28:  close
```

25:, 26:, 27: は，この例について，積集合演算 _^_ が，それぞれ，結合則，可換則，冪等則を満たすことを示している．以下の 4.13 と 4.14 では，モジュール SET^ において，積集合演算 _^_ が結合則 ($\forall S1, S2, S3 \in \text{Set}((S1 \,\hat{}\, S2) \,\hat{}\, S3 \text{ =s } S1 \,\hat{}\, (S2 \,\hat{}\, S3)))$，可換則 ($\forall S1, S2 \in \text{Set}(S1 \,\hat{}\, S2 \text{ =s } S2 \,\hat{}\, S1))$，冪等則 ($\forall S \in \text{Set}(S \,\hat{}\, S \text{ =s } S))$，を満たすことを示す．

4.7 メンバー述語の積集合への分配則の証明

4.6 のモジュール SET^ において，積集合演算 _^_ が結合則を満たすことを証明するためには，メンバー述語の積集合への分配則，つまり等式

```
eq[in^]: E:Elt in (S1:Set ^ S2:Set) = E in S1 and E in S2 .
```

が成り立つことを証明する必要がある．述語 goal を

```
      pred goal : Elt Set Set .
      eq goal(E:Elt,S1:Set,S2:Set) =
          (E in (S1 ^ S2) = (E in S1 and E in S2)) .
```

のように定義すると（等式の右辺の_=_はソート Bool 上の組込みの等価述語），等式 [in^] が成り立つことは，

$$(\forall\, E \in \text{Elt}, \forall\, S1, S2 \in \text{Set}\,(\text{goal}(E, S1, S2) =_{\text{SET}^\wedge} \text{true}))$$

が成り立つことである（2.2.1 参照）．これを S1:Set（つまり S1 ∈ Set）に含まれるソート Elt の要素の数に関する帰納法で証明する．

以下の 01:-07: は，S1:Set に含まれる要素の数が 0（つまり S1:Set が empty）の帰納ベースを証明する有効な証明スコアである．

```
01:   --> induction base
02:   open SET^ .
03:   --> check the base
04:   op e : -> Elt .
05:   op s2 : -> Set .
06:   red (e in (empty ^ s2)) = (e in empty and e in s2) . --> true
07:   close
```

04: で e がソート Elt の，05: で s2 がソート Set の任意の要素を表す未使用定数に宣言され，06: の red 命令が true を返すので，帰納ベース

$$(\forall\, E \in \text{Elt}, \forall\, S2 \in \text{Set}\,(\text{goal}(E, \text{empty}, S2) =_{\text{SET}^\wedge} \text{true}))$$

つまり，

$$(\forall\, E \in \text{Elt}, \forall\, S2 \in \text{Set}$$
$$((E \text{ in } (\text{empty} \wedge S2) = (E \text{ in empty and } E \text{ in } S2)) =_{\text{SET}^\wedge} \text{true}))$$

が証明される．

以下の 08:-19: のモジュール SET^-in^-iStep は，帰納ステップをチェックするブール基底式（ソート Bool の基底式）iStep を定義する．ブール基底式は命題（**proposition**）と呼ばれる．命題は，「命題 1.1」のように重要な事実をのべた項目を意味することもあるが，個々の「命題」がどちらを意味するかは文脈から明らかである．

```
08:   mod SET^-in^-iStep {
09:     pr(SET^)
```

4.7 メンバー述語の積集合への分配則の証明

```
10:    -- induction hypothesis
11:    op s1 : -> Set .
12:    eq (E:Elt in (s1 ^ S2:Set)) = (E in s1 and E in S2) .
13:    -- induction step proposition
14:    ops e e1 : -> Elt .
15:    op s2 : -> Set .
16:    op iStep : -> Bool .
17:    eq iStep = ((e in ((e1 s1) ^ s2)) =
18:                ((e in (e1 s1)) and (e in s2))) .
19:  }
```

11:-12:は，ソート Set の未使用定数 s1 に対し，等式 [in^] で変数 S1:Set を s1 に具体化して，帰納仮定 goal(e,s1,s2) を実行可能な等式として宣言する．

14:-16:は必要な未使用定数を宣言する．

17:-18:は，変数を (E → e)，(S1 → (e1 s1))，(S2 → s2) と具体化して得られる，証明すべきゴールの命題 goal(e,e1 s1,s2) を，ブール定数 iStep と定義する．

任意のモデルに対して，12:の帰納仮定のもとで 17:-18:の帰納ステップのゴールを証明することは，任意の自然数 n に対して，変数 S1:Set に含まれる要素の数が n のときに成り立つことを仮定して，要素の数が $n+1$ のときに成り立つことを証明することである．CafeOBJ では構成子モデルだけが対象であり，s1 の要素の数が n であれば，(e1 s1) で要素の数が $n+1$ である場合を表せる．

したがって，モジュール SET^-in^-iStep で，iStep が true に簡約できれば，帰納ステップが証明される．

残念ながら，モジュール SET^-in^-iStep で 'red iStep .' を実行すると，その結果は，true ではなく，以下のような命題になる（見やすいように成形している）．

```
c20:  ((e in (if (e1 in s2)
c21:          then (e1 (s1 ^ s2))
c22:          else (s1 ^ s2) fi)) =
c23:   (((e in s1) and (e in s2)) xor
c24:    (((e =e e1) and (e in s2)) xor
c25:     ((e =e e1) and ((e in s1) and (e in s2)))))):Bool
```

第4章 列，集合と仕様計算

上の命題の簡約をさらに進めるためには，c20:に現れる (e1 in s2), c23:, c25:に現れる(e in s1), c23:, c24:, c25:に現れる(e in s2), c24:, c25:に現れる (e =e e1) などの**基礎命題** (elementary proposition) が true の場合と false の場合に切り分けるのが有効である．

以下の 26:-35:は，モジュール SET^-in^-iStep について，命題 (e1 in s2) が true の場合と false の場合に切り分け，'red iStep .' をチェックする．

```
26:    --> ((e1 in s2) = true)
27:    open SET^-in^-iStep .
28:    eq (e1 in s2) = true .
29:    red iStep .
30:    close
31:    --> ((e1 in s2) = false)
32:    open SET^-in^-iStep .
33:    eq (e1 in s2) = false .
34:    red iStep .
35:    close
```

26:-30:を実行して 29:の 'red iStep .' が true を返せば，(e1 in s2) が true のとき，つまり等式 'eq (e1 in s2) = true .' (28:) が成り立つとき，iStep が true であることが示される．また，31:-35:を実行して 34:の 'red iStep .' が true を返せば，(e1 in s2) が false のとき，つまり等式 'eq (e1 in s2) = false .' (33:) が成り立つとき，iStep が true であることが示される．さらに，命題 (e1 in s2) は必ず true または false である．したがって，26:-35:を実行して 29:と 34:の 'red iStep .' が共に true を返せば，モジュール SET^-in^-iStep で，(iStep = true) が成り立つことが証明される．

残念ながら，29:と 34:の 'red iStep .' は共に true にならないので，さらに命題 (e =e e1) が true の場合と false の場合に切り分け，26:-30:を以下の 36:-47:に，31:-35:を以下の 48:-59:に展開して，'red iStep .' をチェックする．

```
36:    --> ((e1 in s2) = true) and (e = e1)
37:    open SET^-in^-iStep .
38:    eq (e1 in s2) = true .
39:    eq e = e1 .
40:    red iStep .
41:    close
```

4.7 メンバー述語の積集合への分配則の証明

```
42:   --> ((e1 in s2) = true) and ((e =e e1) = false)
43:   open SET^-in^-iStep .
44:   eq (e1 in s2) = true .
45:   eq (e =e e1) = false .
46:   red iStep .
47:   close
48:   --> ((e1 in s2) = false) and (e = e1)
49:   open SET^-in^-iStep .
50:   eq (e1 in s2) = false .
51:   eq e = e1 .
52:   red iStep .
53:   close
54:   --> ((e1 in s2) = false) and ((e =e e1) = false)
55:   open SET^-in^-iStep .
56:   eq (e1 in s2) = false .
57:   eq (e =e e1) = false .
58:   red iStep .
59:   close
```

39:と 51:の 'eq e = e1 .' は，論理的に 'eq (e =e e1) = true .' に等価であるが，e を e1 に書き換えるこの形の方が，40:や 52:の 'red iStep .' を true にする可能性が高い．

26:-35:に対して行ったものと同様の議論により，40:と 46:の 'red iStep .' が true を返すと，'(e1 in s2) = true' のときに 'iStep = true' が示される．また，52:と 58:の 'red iStep .' が true を返すと，'(e1 in s2) = false' のときに 'iStep = true' が示される．したがって，40:, 46:, 52:, 58:の 'red iStep .' がすべて true を返すと，'(e1 in s2) = true' または '(e1 in s2) = false' のとき，つまり常に，'iStep = true' が示され，モジュール SET^-in^-iStep で 'iStep = true' が成り立つことが証明される．

40:, 46:, 52:, 58:の 'red iStep .' はすべて true を返すので，(08:-19:)+(36:-59:) (08:-19:の後に 36:-59:が続く CafeOBJ コード) が，帰納ステップを証明する有効な証明スコアになる．したがって，(01:-19:)+(36:-59:) が「メンバー述語の積集合への分配則」を証明する有効な証明スコアになる．

4.8 場合分けと仕様計算

4.7/36:-59:の証明スコアは，等式を用いて可能なすべての場合を網羅し，そのすべての場合に証明すべき命題が成り立つことを示すことで，命題を証明している．このような証明スコアを**場合分け**（**casesplit**）に基づく証明スコアと呼ぶ．

2.1.1 で説明した通り，CafeOBJ のモジュールはそのモジュールに記述された要件を満たす，一般には複数の，モデルを意味（denote）する．モデル m で命題 p が成り立つことを $m \models p$ と記し，モジュール M の任意のモデル m_M（つまりモジュール M が意味する任意のモデル m_M）について $m_M \models p$ であることを $M \models p$ と記す．証明スコアの目的は $M \models p$ を証明することである．

以下の**証明規則**（**proof rule**）が命題 p_i を用いた場合分けの原理を表す．

$$[p_i] \frac{M\text{+} \models p \quad M\text{-} \models p}{M \models p}$$

証明規則を構成する $M \models p$ の形をした表現を**ゴール**（**goal**）と呼び，線の上のゴールを前提，線の下のゴールを結論と呼ぶ．結論は1つであるが前提は複数あってもよい．上の証明規則 $[p_i]$ は，結論 $M \models p$ が成り立つことを示すためには，適当に命題 p_i を選び，前提 $M\text{+} \models p$ と前提 $M\text{-} \models p$ を示せばよいことを意味する．ここで，$M\text{+}$ はモジュール M に等式 'eq p_i = true .' を，$M\text{-}$ はモジュール M に等式 'eq p_i = false .' を，それぞれ，付け加えて得られるモジュールである．

証明規則 $[p_i]$ の正しさは次のように示される．m_M をモジュール M の任意のモデルとする．$m_M \models (p_i = \text{true})$ であれば，m_M は $M\text{+}$ のモデルであるので，$M\text{+} \models p$ から $m_M \models p$ である．$m_M \models (p_i = \text{false})$ であれば，m_M は $M\text{-}$ のモデルであるので，$M\text{-} \models p$ から $m_M \models p$ である．$m_M \models (p_i = \text{true})$ か $m_M \models (p_i = \text{false})$ のいずれかが必ず成り立つので，モジュール M の任意のモデル m_M に対し $m_M \models p$ が示されたことになり，$M \models p$ が成り立つ．

モジュール M に対し，'red in $M : p$.' が true を返すことを，$M \models_r p$ と記す．$M \models_r p$ の形の表現を**簡約ゴール**（**reduction goal**）と呼ぶ．'red in $M : p$.' であれば，M の任意のモデル m_M に対して $m_M \models (p = \text{true})$ が成り立つので，$M \models_r p$ であれば $M \models p$ であり，次の証明規則を得る．

4.8 場合分けと仕様計算

$$[\text{rd-}]\frac{M \vdash_{\top} p}{M \vDash p}$$

証明したいゴールをそれを結論とする証明規則で置き換え，さらに，どの証明規則の結論でもないゴールをそれを結論とする証明規則で置き換えることを繰り返すことで，**証明木（proof tree）**が構成される．たとえば，命題 p_1, p_2 に対応する証明規則 $[p_1]$, $[p_2]$ と証明規則 $[\text{rd-}]$ を使い，次のような証明木（PT1）が構成できる．

$$(\text{PT1})\ [p_1]\frac{[p_2]\dfrac{[\text{rd-}]\dfrac{M\text{++} \vdash_{\top} p}{M\text{++} \vDash p}\ [\text{rd-}]\dfrac{M\text{+-} \vdash_{\top} p}{M\text{+-} \vDash p}}{M\text{+} \vDash p}\quad [p_2]\dfrac{[\text{rd-}]\dfrac{M\text{-+} \vdash_{\top} p}{M\text{-+} \vDash p}\ [\text{rd-}]\dfrac{M\text{--} \vdash_{\top} p}{M\text{--} \vDash p}}{M\text{-} \vDash p}}{M \vDash p}$$

証明木のすべての葉（leaf，証明規則の結論になっていないゴール）が成り立てば，葉だけを前提とする結論が成り立つ．さらに，成り立つことが示されたゴール（葉と葉だけを前提とする結論）だけを前提とする結論が成り立つ．この議論を繰り返すことで，証明木を構成するすべてのゴールが成り立つことが示せる[10]．したがって，証明木のすべての葉が成り立てば，根（root，証明規則の前提になっていないただ１つのゴール）が成り立つ．葉がすべて $M \vdash_{\top} p$ の形の簡約ゴール（つまり [rd-] 規則の前提）である証明木は，簡約（reduction）によりすべての葉が成り立つかを判定できるので，**実行可能な証明木（executable proof tree）**と呼ばれる．上の証明木（PT1）は実行可能である．

簡約によりすべての葉が成り立つことが証明できる実行可能な証明木は**有効な証明木（effective proof tree）**と呼ばれる．証明木（PT1）を $(M \to \text{SET\textasciicircum-in\textasciicircum-iStep})$, $(p \to \text{iStep})$, $(p_1 \to \text{'e1 in s2'})$, $(p_2 \to \text{'e =e e1'})$ のように 4.7 のモジュール SET^-in^-iStep を使って具体化すると，以下の有効な証明木（PT2）を得る．ただし，SET^-in^-iStep を Si と，iStep を iS と，それぞれ略記している．

$$(\text{PT2})\ [\text{e1 in s2}]\frac{[\text{e =e e1}]\dfrac{[\text{rd-}]\dfrac{\text{Si++} \vdash_{\top} \text{iS}}{\text{Si++} \vDash \text{iS}}\ [\text{rd-}]\dfrac{\text{Si+-} \vdash_{\top} \text{iS}}{\text{Si+-} \vDash \text{iS}}}{\text{Si+} \vDash \text{iS}}\quad [\text{e =e e1}]\dfrac{[\text{rd-}]\dfrac{\text{Si-+} \vdash_{\top} \text{iS}}{\text{Si-+} \vDash \text{iS}}\ [\text{rd-}]\dfrac{\text{Si--} \vdash_{\top} \text{iS}}{\text{Si--} \vDash \text{iS}}}{\text{Si-} \vDash \text{iS}}}{\text{Si} \vDash \text{iS}}$$

4.7/36:-59: の４つの open...close（上 → 下）は証明木（PT2）の４つの葉

---

[10] 厳密には，証明木を構成する証明規則の数，つまり前提と結論を分ける水平線の数，に関する帰納法による．

(左 → 右) が成り立つこと，つまり 'red in Si++ : iS .', 'red in Si+- : iS .', 'red in Si-+ : iS .', 'red in Si-- : iS .' がすべて true であること，をチェックしている．4.7/26:-35:の2つの open...close (上 → 下) は証明木 (PT2) の証明規則 [e1 in s2] の2つの前提（左 → 右）に証明規則 [rd-] が有効適用可能でないこと，つまり 'red in Si+ : iS .' と 'red in Si- : iS .' が共に true でないこと，をチェックしている．

$[p_i]$ ($i \in \{1, 2, ..., n\}$) や [rd-] などの証明規則を使って有効な証明木を構成することは，M+-...+ のようなモジュール（つまり仕様）を計算することであり，**仕様計算 (specification calculus)** と呼ばれる．仕様計算により有効な証明木を作成するには，4.7/26:-35:を作成・実行し，その結果に基づき，4.7/36:-59:を作成したように，試行錯誤を繰り返しながら有効な証明木のすべての葉（左 → 右）に対応する open...close の列（上 → 下）を作成すればよい．

4.9 仕様計算命令：:goal, :apply, :red, :def, :csp

CafeOBJ には，open...close の列を作成することなく，有効な証明木を作成することで証明を実行する仕様計算命令群がある[11]．以下の 01:-12:は，4.7/36:-59:による証明（つまり証明木 4.8/(PT2) による証明）を実行する，仕様計算命令を使った証明スコアである．仕様計算命令は，:goal, :apply, :red, :def, :csp のように，':' で始まるキーワードで示される．

```
01:    select SET^-in^-iStep .
02:    :goal{eq iStep = true .}
03:    :apply(rd-)
04:    :red iStep .
05:    :def e1s2 = :csp{eq e1 in s2 = true . eq e1 in s2 = false .}
06:    :apply(e1s2)
07:    :apply(rd-)
08:    :def e=e1 = :csp{eq e = e1 . eq (e =e e1) = false .}
09:    :apply(e=e1)
10:    :apply(rd-)
11:    :apply(rd-)
12:    :apply(rd- e=e1 rd-)
```

---

[11] CITP (Constructor Based Inductive Theorem Prover) と呼ばれる CafeOBJ の定理証明サブシステムの一部として実現されている．CITP の他の命令については 4.11.1 を参照．

4.9 仕様計算命令: :goal, :apply, :red, :def, :csp

01:はモジュール SET^in-iStep を選択しそれを現モジュールとすることで，SET^in-iStep を証明の文脈（ソート，演算，等式の集合）を定めるモジュールとする．

02:の:goal 命令は，モジュール SET^in-iStep を含み（つまりサブモジュールとし），証明すべきゴールとして等式 'eq iStep = true .' が指定されたモジュールを内部的に生成し，それを**現ゴール** (current goal) とする．

つまり，ゴール SET^in-iStep ⊨ iStep（証明木 4.8/(PT2) の根 Si ⊨ iS）を生成しそれを現ゴールとする．

03:は，rd- を引数とする:apply 命令:apply(rd-) を現ゴールに適用し，証明規則 [rd-] が現ゴールに有効適用可能であるか（つまり 'red in Si : iS .' が true であるか）をチェックし，有効適用不能であると出力する．

04:は，現ゴールでの iStep の簡約結果，つまり 'red in SET^in-iStep : iStep .' の値（4.8/c20:-c25:)，を出力する．

05:は，e1s2 を命題 'e1 in s2' により場合分けを行う証明規則 [e1 in s2] と定義する．:csp{...} は場合分けによる証明規則を表す．

06:は，証明規則 e1s2 を現ゴールに適用して得られる2つの前提（証明木 4.8/(PT2) の証明規則 [e1 in S2] の前提 Si+ ⊨ iS と Si- ⊨ iS）を2つの内部的なモジュールとして生成し，次に証明すべき葉 Si+ ⊨ iS を現ゴールとする．

07:は，証明規則 [rd-] が現ゴールに有効適用可能であるか（つまり 'red in Si+ : iS .' が true であるか）をチェックし，有効適用不能であると出力する．

08:は，e=e1 を命題 'e =e e1' に対する証明規則 [e =e e1] と定義する．

09:は，証明規則 e=e1 を現ゴールに適用して得られる2つの前提（証明木 4.8/(PT2) の左側の証明規則 [e =e e1] の前提 Si++ ⊨ iS と Si+- ⊨ iS）を2つの内部的なモジュールとして生成し，次に証明すべき葉 Si++ ⊨ iS を現ゴールとする．

10:は，命令:apply(rd-) を現ゴールに適用し，証明規則 [rd-] が現ゴールに有効適用可能であること（つまり 'red in Si++ : iS .' が true であること）を確認し，[rd-] を適用する．この結果，葉 Si++ ⊢ iS は証明済みとなったので，次に証明すべき葉 Si+- ⊨ iS を現ゴールとする．

11:は，証明規則 [rd-] が現ゴールに有効適用可能であること（つまり 'red in Si+- : iS .' が true であること）を確認し，[rd-] を適用する．この結果，葉 Si+- ⊢ iS は証明済みとなったので，次に証明すべき葉 Si- ⊨ iS を現ゴールと

する．

12:は，命令:apply(rd- e=e1 rd-)を現ゴールに適用する．:apply命令の引数が証明規則の列'rd- e=e1 rd-'であるので，現ゴールに証明規則rd-が有効適用不能であることを確認してから，証明規則e=e1を適用して生成される前提すべてに対して証明規則[rd-]を適用する．Si- ⊨ iSにe=e1を適用すると，2つの前提（証明木4.8/(PT2)の右側の証明規則[e =e e1]の前提Si-+ ⊨ iSとSi-- ⊨ iS）が2つの内部的なモジュールとして生成される．Si-+ ⊨ iSには証明規則[rd-]が有効適用可能であり，証明済みの葉Si-+ ⊦ iSが得られる．Si-- ⊨ iSにも証明規則[rd-]が有効適用可能であり，証明済みの葉Si-- ⊦ iSが得られる．この結果すべての葉が証明済みとなり，すべてのゴールが証明済みとなるので，CafeOBJは「すべてのゴールが証明された」(** All goals are successfully discharged.) と出力する．

以上により目的のゴール（証明木の根）SET^in-iStep ⊨ iStepが証明される．

4.10 仕様計算命令: :show, :desc

証明木や現ゴールを表示する命令として:show命令や:desc命令がある．
:show proofで証明木が，:show goalで現ゴールが表示される．4.9/11:の:apply(rd-)の後で:show proofを実行すると以下を得る．

```
c01:    root
c02:    [e1s2] 1*
c03:    [e=e1] 1-1*
c04:    [e=e1] 1-2*
c05:    >[e1s2] 2
```

c01:-c05:は，4.9/01:-11:が生成するゴールを示しており，それは次の証明木(PT3)の簡約ゴール以外のゴールに一対一に対応する．

$$(\text{PT3}) \; [e1 \text{ in } s2] \cfrac{[e = e1] \cfrac{[rd-]\cfrac{Si++ \vdash iS}{Si++ \models iS} \quad [rd-]\cfrac{Si+- \vdash iS}{Si+- \models iS}}{Si+ \models iS} \quad Si- \models iS}{Si \models iS}$$

c01:のrootは，4.9/01:の:goal命令が生成したゴール（(PT3)の根 Si ⊨ iS）を示す．

c02:の'[e1s2] 1'は4.9/06:のの:apply(e1s2)により生成された，1番目

の前提（(PT3) の証明規則 [e1 in s2] の左側の前提 Si+ ⊨ iS）を示す．

c03:の'[e1s2] 1-1'は，4.9/09:の:apply(e=e1) により生成された1番目の前提（(PT3) の証明規則 [e = e1] の左側の前提 Si++ ⊨ iS）を示し，c04:の'[e1s2] 1-2'は，4.9/09:の:apply(e=e1) により生成された2番目の前提（(PT3) の証明規則 [e = e1] の右側の前提 Si+- ⊨ iS）を示す．

c05:の'[e1s2] 2'は 4.9/06:の:apply(e1s2) により生成された，2番目の前提（(PT3) の証明規則 [e1 in s2] の右側の前提 Si- ⊨ iS）を示し，先頭の>はこのゴールが現ゴールであることを示す．

c03:の末尾の*は，4.9/10:の:apply(rd-) により，このゴールに証明規則 [rd-] が有効適用され（(PT3) の左側の [rd-]），このゴールが証明済みであることを示す．

c04:の*は，4.9/11:の:apply(rd-) により，このゴールに証明規則 [rd-] が有効適用され，((PT3) の右側の [rd-])，このゴールが証明済みであることを示す．

c02:の*は，c03:と c04:の*により，このゴールの前提がすべて証明済みであるので，このゴールも証明済みであることを示す．

4.9/11:の:apply(rd-) の後で:show goal を実行すると，c05:の'[e1s2] 2'に対応する (PT3) のゴール Si- ⊨ iS を以下のように表示する．

```
c06:   :csp{eq e1 in s2 = true . eq e1 in s2 = false . }=>
c07:   :goal { ** 2 ----------------------------------------
c08:     -- context module: SET^-in^-iStep
c09:     -- introduced axiom
c10:       eq [e1s2]: e1 in s2 = false .
c11:     -- sentence to be proved
c12:       eq iStep = true .
c13:   }
```

4.9/12:の:apply(rd- e=e1 rd-) の後で:show proof を実行すると，証明木 4.8/(PT2) に対応する以下が出力され，確かに根（c14:の root）を含むすべてのゴールが証明済み（*）であることが表示される．

```
c14:   root*
c15:   [e1s2] 1*
c16:   [e=e1] 1-1*
c17:   [e=e1] 1-2*
```

```
c18:    [e1s2] 2*
c19:    [e=e1] 2-1*
c20:    [e=e1] 2-2*
```

':desc proof' 命令はさらに詳細な証明の様子を表示する．':desc' は ':describe' の略記である．

4.11 仕様計算命令：:apply(<$proofRuleSeq$>)

引数が証明規則の列である:apply命令は，以下に示すように，証明木を生成する強力な機能を有する．ρ を空列を含む証明規則の列とし，pr_n を証明規則とする．ゴール G に:apply($\rho\ pr_n$) を適用して生成される証明木は，ゴール G に:apply(ρ) を適用して生成される証明木の，簡約ゴール（証明済みのゴール）でないすべての葉に pr_n を適用して得られる証明木である．ρ が空列であれば，葉 G に:apply(ρ) 適用しても G は変化せずそのままである．命題 p_i が定義する証明規則 [p_i] は，簡約ゴールでない葉 G に有効適用可能であり，G を結論とする前提を生成する．簡約ゴールでない葉 G に証明規則 [rd-] が有効適用可能であれば，証明済みの簡約ゴールが前提となり，結論となるゴール G も証明済みとなる．葉 G に証明規則 [rd-] が有効適用不能であれば，ゴール G は変化せず葉のままである．

引数が証明規則の列である:apply命令の機能を使うと，証明スコア 01:-12: が実行する証明（つまり証明木 4.8/(PT2) による証明）は，以下のように，より簡潔に記述できる．

```
01:   select SET^-in^-iStep .
02:   :goal{eq iStep = true .}
03:   :def e1s2 = :csp{eq e1 in s2 = true . eq e1 in s2 = false .}
04:   :def e=e1 = :csp{eq e = e1 . eq (e =e e1) = false .}
05:   :apply(rd- e1s2 rd- e=e1 rd-)
```

01:-05:と 4.9/01:-12:との対応は，05:の:apply 命令の引数について，以下が成り立つことで了解できる．05:の1番目の rd- は 4.9/03:の rd- に対応する．e1s2 は 4.9/06:の e1s2 に対応する．05:の2番目の rd- は，4.9/07:と 4.9/12:の1番目の2つの rd- に対応する．e=e1 は 4.9/09:と 4.9/12:の2番目の e=e1 に対応する．05:の3番目の rd- は，4.9/10:, 4.9/11:と 4.9/12:の2番

4.11 仕様計算命令: :apply(<*proofRuleSeq*>)   **131**

目の3つの rd- に対応する.

05: の :apply(rd- els2 rd- e=e1 rd-) の後で :show proof を実行すると, 4.10/c14:-c20: の証明木が表示され, 確かに根（root）を含むすべてのゴールが証明済み（*）であることがわかる.

4.11.1 CITP による帰納法の支援

CafeOBJ の定理証明サブシステム CITP には, 仕様計算の支援機能だけでなく, 構成子の数に関する帰納法を支援する機能もある.

たとえば, 加算 _+_ の結合則の証明スコア 2.7/01:-15: は以下の 01:-04: のように書くことができる.

```
01:   select PNAT+ .
02:   :goal {eq[+assoc]:(X:Nat + Y:Nat) + Z:Nat = X + (Y + Z) .}
03:   :ind on (X:Nat)
04:   :apply(si tc rd-)
```

01: で証明の文脈であるモジュール PNAT+ を現モジュールにする. 02: で3つの変数 X:Nat, Y:Nat, Z:Nat を含んだ等式で証明すべきゴールを設定する. 03 の :ind on (X:Nat) は変数 X:Nat に含まれる構成子 s_ の数に関する帰納法による証明を指示する. 04: の :apply 命令の第1引数 si は帰納ベースのゴールと帰納ステップのゴールを生成し[12], 第2引数 tc は変数を未使用定数で置き換え[13], 第3引数 rd- はベースとステップの2つのゴールを簡約しすべてゴールが成り立つことをチェックする. 01:-04: の後に ':show proof' 命令と ':desc proof' 命令を実行することで 2.7/01:-15: に相当する証明が実行されていることが確認できる.

同様に, 反転演算 rev の連結演算 _@_ に対する逆分配則の証明スコア 3.8/01:-15: は以下の 05:-08: のように書くことができる.

```
05: select LISTrev .
06: :goal {eq[revdis]: rev(L1:List @ L2:List) = rev(L2) @ rev(L1) .}
07: :ind on (L1:List)
08: :apply(si tc rd-)
```

---

[12] si は Simultaneous Induction の省略.
[13] tc は Theorem of Constants の省略.

4.12 証明スコアのモジュール化

モジュール化は仕様だけでなく証明スコアの可読性や再利用性の向上にも有効である．証明スコアは証明法を記述したプログラムであるので，的確にモジュール化された証明スコアは，証明法の再利用を可能とし，類似の証明スコアの作成にも役立つ．

以下の 01:-44: は，4.7，4.11 で作成してきた，「メンバー述語の積集合への分配則」の証明スコア (4.7/01:-19:)+(4.11/01:-05:) をモジュール化し，その意図を明確にしたものである．

```
01:     --> proof goal module
02:     mod SET^-in^-goal {
03:      pr(SET^)
04:      -- goal equation
05:      eq[in^ :nonexec]: E:Elt in (S1:Set ^ S2:Set) =
06:                       E in S1 and E in S2 .
07:      -- goal predicate
08:      pred goal : Elt Set Set .
09:      eq goal(E:Elt,S1:Set,S2:Set) =
10:         ((E in (S1 ^ S2)) = (E in S1 and E in S2)) .
11:     }
12:     --> induction base module
13:     mod SET^-in^-iBase {
14:      inc(SET^-in^-goal)
15:      -- induction base proposition
16:      op e : -> Elt .
17:      op s2 : -> Set .
18:      op iBase : -> Bool .
19:      eq iBase = goal(e,empty,s2) .
20:     }
21:     --> check the induction base
22:     select SET^-in^-iBase .
23:     red iBase . --> true
24:     --> induction step module
25:     mod SET^-in^-iStep-m {
26:      inc(SET^-in^-goal)
27:      -- induction step proposition
28:      ops e #e1 : -> Elt .
29:      ops #s1 s2 : -> Set .
30:      op iStep : -> Bool .
31:      eq iStep = goal(e,(#e1 #s1),s2) .
32:     }
```

4.12 証明スコアのモジュール化

```
33:  --> check the induction step
34:  select SET^-in^-iStep-m .
35:  :goal{eq iStep = true .}
36:  -- declaring induction hypothesis
37:  :init [in^] by {S1:Set <- #s1;}
38:  :show goal
39:  -- defining proof rules with case splitting equations
40:  :def e1s2 = :csp{eq #e1 in s2 = true . eq #e1 in s2 = false .}
41:  :def e=e1 = :csp{eq e = #e1 . eq (e =e #e1) = false .}
42:  :show def
43:  :apply(rd- e1s2 rd- e=e1 rd-) --> all goals are discharged
44:  :show proof
```

01:-11:は，モジュール SET^ を輸入し (03:)，証明すべきゴールを，等式 [in^] (04:-06:) と述語 goal (07:-10:) の2つの形で定義し，証明ゴールモジュール SET^-in^-goal を定義する (02:)．等式 [in^] は:nonexec と宣言され，書換え規則としては実行不能である．:nonexec としないと証明すべきゴールを仮定することになり，以下の証明スコアが無意味となる．等式 [in^] は 37: で具体化され，実行可能な等式として，帰納仮定を生成する．

12:-20:は，モジュール SET^-in^-goal を輸入し (14:)，帰納ベースの命題を iBase と定義し (19:)，帰納ベースモジュール SET^-in^-iBase を定義する (13:)．

23:を実行すると true となり帰納ベースが証明される．22:-23:は 'red in SET^-in^-iBase : iStep .' とも書ける．

24:-32:は，モジュール SET^-in^-goal を輸入し (26:)，帰納ステップのゴール命題を iStep と定義し (31:)，帰納ステップモジュール SET^-in^-iStep-m を定義する (25:)．28:-29:で，帰納仮定と帰納ステップゴールを示す未使用定数を#で始まる名前で宣言する．'#e1 #s1' は 31:で，#s1 は 37:で使われる．

33:-44:は帰納ステップが成り立つことをチェックする．37:で，:init 命令で {S1:Set <- #s1;} を指示し，等式 [in^] の変数 S1:Set を定数#s1 に具体化することで，帰納仮定を実行可能な等式として生成する．':show goal'(38:) を実行することで，生成された帰納仮定の等式が，現ゴール内に確認できる．40:-41:で定義された証明規則は，':show def'(42:) で確認できる．44:の':show proof' により，43:の:apply 命令ですべてのゴールが充足され帰納ステップが証明されることが確認できる．

4.13 積集合演算の結合則の証明

以下の 01:-43: は，4.6 のモジュール SET^ において積集合演算の結合則が成り立つ，つまり等式：

```
eq[^as]: S1:Set ^ (S2:Set ^ S3:Set) = (S1:Set ^ S2:Set) ^ S3:Set .
```

が成り立つ，ことを証明する有効な証明スコアである．

```
01:  --> proof goal module
02:  mod SET^-^as-goal {
03:  pr(SET^)
04:  -- goal equation
05:  eq[^as :nonexec]: S1:Set ^ (S2:Set ^ S3:Set) =
06:                    (S1:Set ^ S2:Set) ^ S3:Set .
07:  -- goal predicate
08:  pred goal : Set Set Set .
09:  eq goal(S1:Set,S2:Set,S3:Set) =
10:      (S1 ^ (S2 ^ S3) =s (S1 ^ S2) ^ S3) .
11:  }
12:  --> induction base module
13:  mod SET^-^as-iBase {
14:  inc(SET^-^as-goal)
15:  -- induction base proposition
16:  ops s2 s3 : -> Set .
17:  pred iBase : .
18:  eq iBase = goal(empty,s2,s3) .
19:  }
20:  --> check the base
21:  red in SET^-^as-iBase : iBase . --> true
22:  --> induction step module
23:  mod SET^-^as-iStep {
24:  inc(SET^-^as-goal)
25:  -- induction step proposition
26:  op #e1 : -> Elt .
27:  ops #s1 s2 s3 : -> Set .
28:  op iStep : -> Bool .
29:  eq iStep = goal(#e1 #s1,s2,s3) .
30:  -- lemma: already proved fact
31:  eq[in^]: E:Elt in (S1:Set ^ S2:Set) = E in S1 and E in S2 .
32:  }
33:  --> check the step
34:  select SET^-^as-iStep .
```

```
35:    -- declaring proof goal
36:    :goal{eq iStep = true .}
37:    -- declaring induction hypothesis
38:    :init [^as] by {S1:Set <- #s1;}
39:    -- defining proof rules with case splitting equations
40:    :def e1s2 = :csp{eq #e1 in s2 = true . eq #e1 in s2 = false .}
41:    :def e1s3 = :csp{eq #e1 in s3 = true . eq #e1 in s3 = false .}
42:    --> check the step proposition
43:    :apply(rd- e1s2 rd- e1s3 rd-) --> all goals are discharged
```

10:の_=s_は 4.6/03:-05:で定義される，ソート Set 上の等価述語である．

31:で，すでに証明された「メンバー述語の積集合への分配則」の等式が補題として宣言される．

40:-41:の証明規則は，38:の後で ':red iStep .' を実行して得られる以下の式から (#e1 in s3) と (#e1 in s2) の 2 つの基礎命題を選んで定義される．

```
((if ((#e1 in s3) and (#e1 in s2))
  then (#e1 (#s1 ^ (s2 ^ s3)))
  else (#s1 ^ (s2 ^ s3)) fi) =s
((if (#e1 in s2)
  then (#e1 (#s1 ^ s2))
  else (#s1 ^ s2) fi) ^ s3))
```

4.14 積集合演算の可換則と冪等則の証明

積集合演算が可換則と冪等則を満たす，つまり 4.6 のモジュール SET^で以下の等式 [^com] と [^emp] が成り立つ，ことは，いずれも変数 S1:Set に含まれるソート Elt の要素の数に関する帰納法を証明スコアとして記述することで証明できる．

```
eq[^com]: S1:Set ^ S2:Set = S2 ^ S1 .
eq[^idem]: S:Set ^ S = S .
```

ただし，等式 [^com] の証明の，帰納ベースには以下の等式 [^emp] を，帰納ステップには以下の等式 [s^es] を，それぞれ補題として使う必要がある．

```
eq[^emp]: S1:Set ^ empty = empty .
```

```
eq[s^es]: S1:Set ^ (E2:Elt S2:Set) =
               if E2 in S1 then E2 (S1 ^ S2) else (S1 ^ S2) fi .
```

以下では等式 [s^es] の証明スコア (つまりその等式が成り立つことを証明する正しく有効な証明スコア) を示し, 他の等式 [^emp], [^com], [^idem] の証明スコアの作成を練習問題とする.

```
01: --> proof goal module
02: mod SET^-s^es-goal {
03: pr(SET^)
04: -- goal equation
05: eq[s^es :nonexec]: S1:Set ^ (E2:Elt S2:Set) =
06:                if E2 in S1 then E2 (S1 ^ S2) else (S1 ^ S2) fi .
07: -- goal predicate
08: pred goal : Set Elt Set .
09: eq goal(S1:Set,E2:Elt,S2:Set) =
10:    ((S1:Set ^ (E2:Elt S2:Set)) =s
11:     if E2 in S1 then E2 (S1 ^ S2) else (S1 ^ S2) fi) .
12: }
13: --> induction base module
14: mod SET^-s^es-iBase {
15: inc(SET^-s^es-goal)
16: -- induction base proposition
17: op e2 : -> Elt .
18: op s2 : -> Set .
19: pred iBase : .
20: eq iBase = goal(empty,e2,s2) .
21: }
22: --> check the base
23: red in SET^-s^es-iBase : iBase . --> true
24: --> induction step module
25: mod SET^-s^es-iStep {
26: inc(SET^-s^es-goal)
27: -- induction step proposition
28: ops #e1 e2 : -> Elt .
29: ops #s1 s2 : -> Set .
30: op iStep : -> Bool .
31: eq iStep = goal(#e1 #s1,e2,s2) .
32: }
33: --> check the step
34: select SET^-s^es-iStep .
35: -- declaring goal
36: :goal{eq iStep = true .}
```

4.14 積集合演算の可換則と冪等則の証明

```
37:   -- declaring induction hypothesis
38:   :init [s^es] by {S1:Set <- #s1;}
39:   -- declaring proof rules with case splitting equations
40:   :def e1e2 = :csp{eq #e1 = e2 . eq (#e1 =e e2) = false .}
41:   :def e1s1 = :csp{eq #e1 in #s1 = true .
42:                    eq #e1 in #s1 = false .}
43:   :def e1s2 = :csp{eq #e1 in s2 = true . eq #e1 in s2 = false .}
44:   :def e2s1 = :csp{eq e2 in #s1 = true . eq e2 in #s1 = false .}
45:   :def e2s2 = :csp{eq e2 in s2 = true . eq e2 in s2 = false .}
46:   :apply(rd- e1e2 rd- e1s1 rd- e1s2 rd- e2s1 rd- e2s2 rd-)
47:                            --> all goal are discharged
```

40:-45:で証明規則を定義する5つの基礎命題'#e1 =e e2','#e1 in #s1','#e1 in s2','e2 in #s1','e2 in s2'は、31:の等式の右辺 goal(#e1 #s1, e2,s2) の goal 述語の引数に現れる4つの未使用定数#e1, #s1, e2, s2 を2つの述語 _=e_{comm}, _in_ の引数に埋め込むすべての可能性を網羅したものである。これは有効な証明木を構成する有効な証明スコアを作成する1つの方法ではあるが、常に有効である保証はない。

46:の:apply 命令の引数は長さ11の証明規則の列であり、それが生成する証明木を:show proof で表示すると、47の葉でないゴールと24の葉を持つことが確認できる。33:-46:の46:の代わりに、以下の:apply 命令を加えた証明スコアは、有効であり、23の葉でないゴールと12の葉を持つ、より小さな証明木を生成する。

```
:apply(rd- e1e2 rd- e1s2 rd- e2s1 rd- e2s2 rd-)
```

また、33:-46:の46:の代わりに、以下の3つの:apply 命令を加えた証明スコアも、有効であり、15の葉でないゴールと8の葉を持つ、さらに小さな証明木を生成する。

```
:apply(rd- e1e2 rd-) :apply(e2s1 rd- e2s2 rd-)
                     :apply(e1s2 rd- e2s1 rd-)
```

証明の論理構成の解析には、小さな証明木を生成する証明スコアが有利であるが、その作成には試行錯誤が必要となる。

練習問題 4.4 [SET^の証明スコア] の 4.6 のモジュール SET^ について以下の等式の証明スコアを作成せよ．

(1) eq[^emp] : S1:Set ^ empty = empty .
(2) eq[^com] : S1:Set ^ S2:Set = S2 ^ S1 .
(3) eq[^idem] : S:Set ^ S = S . □

4.15 集合の等価性

4.5/10:-11: で，red 命令の出力が false にならなかったのは，モジュール SET のソート Set 上の等価述語 _=_ の定義が十分でなかったせいである．以下の 01:-08: のモジュール SET=s は，4.6 のモジュール SETin の等価述語 _=s_ を精密化することで，この問題点を解消する．

```
01:  mod! SET=s (X :: TRIV=e) {
02:  pr(SETin(X))
03:  pred _=<_ : Set Set .
04:  eq (S:Set =< S) = true .
05:  eq (empty =< S:Set) = true .
06:  eq ((E1:Elt S1:Set) =< S2:Set) = (E1 in S2) and (S1 =< S2) .
07:  eq (S1:Set =s S2:Set) = ((S1 =< S2) and (S2 =< S1)) .
08:  }
```

02: は，ソート Set 上に等価述語 _=s_ とメンバー述語 _in_ が定義されたモジュール SETin を輸入する．03:-06: は，メンバー述語 _in_ を使い，部分集合述語 _=<_ を定義する．07: は，部分集合述語 _=<_ を使い，等価述語 _=s_ を定義する．

等式 04:-06: が述語 _=<_ を削除し，等式 07: により等価述語 _=s_ は述語 _=<_ に帰着されるので，モジュール SET=s は十分完全である．

以下の 09:-38: は，4.5 のモジュール SET の等価述語 _=_，モジュール SETin の等価述語 _=s_，モジュール SET=s の等価述語 _=s_ の基本的な機能を示す．

```
09:  open SET(NAT) .
10:  red 1 = empty .  --> (1 = empty)
11:  red 1 = 1 .  --> true
12:  red 1 = 2 3 .  --> (1 = (2 3))
```

4.15 集合の等価性

```
13:    red 1 2 3 = 3 2 3 2 1 . --> true
14:    close


15:    open SETin(NAT{op E1:Elt =e E2:Elt -> E1:Nat = E2:Nat}) .
16:    red 1 =s empty . --> (1 =s empty)
17:    red 1 =s 1 . --> true
18:    red 1 =s 2 3 . --> (1 =s (2 3))
19:    red 1 2 3 =s 3 2 3 2 1 . --> true
20:    close


21:    open SETin(NAT{op E1:Elt =e E2:Elt -> E1:Nat == E2:Nat}) .
22:    red 1 =s empty . --> (1 =s empty)
23:    red 1 =s 1 . --> true
24:    red 1 =s 2 3 . --> (1 =s (2 3))
25:    red 1 2 3 =s 3 2 3 2 1 . --> true
26:    close


27:    open SET=s(NAT{op E1:Elt =e E2:Elt -> E1:Nat = E2:Nat}) .
28:    red 1 =s empty . --> false
29:    red 1 =s 1 . --> true
30:    red 1 =s 2 3 . --> ((2 = 1) and (1 = 3))
31:    red 1 2 3 =s 3 2 3 2 1 . --> true
32:    close


33:    open SET=s(NAT{op E1:Elt =e E2:Elt -> E1:Nat == E2:Nat}) .
34:    red 1 =s empty . --> false
35:    red 1 =s 1 . --> true
36:    red 1 =s 2 3 . --> false
37:    red 1 2 3 =s 3 2 3 2 1 . --> true
38:    close
```

モジュール SET の等価述語 _=_ に関しては

```
eq (CUX:*Cosmos* = CUX) = true .
```

が，モジュール SETin の等価述語 _=s_ に関しては

```
eq (S:Set =s S) = true .
```

が，モジュール SET=s の等価述語 _=s_ に関しては

```
    eq (S:Set =s S) = true .
    eq (S1:Set =s S2:Set) = ((S1 =< S2) and (S2 =< S1)) .
```

が，それぞれの述語を定義する実行可能な等式である．

30:が false にならないのは，(2 = 1) や (1 = 3) が false でないからであり，36:が false になるのは，(2 == 1) や (1 == 3) が false となるからである．

積集合演算_^_は，結合則を満たすことが 4.13 で，可換則と冪^{べき}等則を満たすことが 4.14 で，示されている．したがって，等価述語_=s_と積集合演算_^_が定義された集合は以下のモジュール SET=s^で定義される．

```
39:  mod! SET=s^ (X :: TRIV=e) {
40:    pr(SET=s(X))
41:    op _^_ : Set Set -> Set {assoc comm} .
42:    eq empty ^ S2:Set = empty .
43:    eq (E:Elt S1:Set) ^ S2:Set =
44:       if E in S2 then E (S1 ^ S2) else (S1 ^ S2) fi .
45:    eq (S:Set ^ S) = S .
46:  }
```

第5章

遷移システムの仕様と検証

　遷移システム (transition system)[1] は，システムやサービスの動的な振舞いを状態の変化として定義し，多様な応用領域で有効な汎用的なモデル化スキームである．この章では，簡単な相互排除プロトコルを例題として，遷移システムの仕様の作成法と証明スコアによる検証法を学ぶ．

---

[1] 状態遷移システム (state transition system) とも呼ばれる．

5.1 相互排除プロトコル QLOCK

複数の実行主体（**agent**）[2]が1つの資源を共用するとき，相互排除性，すなわち「どの時点でも高々1つの実行主体がその資源を占有している」こと，を保証する必要がある．そのために，プロトコル（**protocol**）と呼ばれる各々の実行主体が従うべき規則を定め，相互排除性を保証する．

プリンタやデータベースを複数のプロセスが共用している状況や，支払い窓口を多くの買い物客が共用している状況などが，相互排除プロトコルが適用される例である．

共用資源を使いたい実行主体が1列に並び，列の先頭の実行主体から順番にその共用資源を使うという規約は，基本的な相互排除プロトコルの1つであり，各々の実行主体が従うべき規則として以下のように記述できる．

(1) 実行主体は共用資源を使いたいときは列の最後に並ぶ．
(2) 実行主体は，列の先頭になったら共用資源を使い，列の先頭でなければ先頭になるまで待つ．
(3) 実行主体は共用資源を使い終わったら列を離れる．

待ちのための列は**待ち行列**（**queue**）と呼ばれるので，待ち行列を使って共用資源に錠（lock）をおろすこのプロトコルをQLOCKと呼ぶことにする．

1つの資源とQLOCKプロトコルに従いその資源を共有する複数の実行主体が構成する**並行分散システム**（**parallel distributed system**）のことを，QLOCKシステムと呼ぶことにする．QLOCKシステムでは「どの時点でも高々1つの実行主体が資源を占有している」ことが保証される．これは直観的には明らかに見える．しかし，上記のような自然言語による記述だけでは，どのような条件のもので何が保証されるのかは明らかでなく，相互排除性が保証されることを厳密に検証するのは難しい．QLOCKシステムのような並行分散システムの振舞いを客観的に解析するためには，形式仕様を作成しその仕様が期待される性質を持つかを検証するのが望ましい．

---

[2] エージェント（agent）とも呼ばれる．プロセス（process）と呼ぶこともある．

5.2 QLOCK システムの仕様

この節では QLOCK システムの CafeOBJ 仕様を作成し，次節以降でその仕様を解析・検証する．

次の 01:-24: の CafeOBJ コードは QLOCK システムの状態を定義する．

```
01: mod* AID=a {
02:   [Aid]
03:   op _=a_ : Aid Aid -> Bool {comm} .
04:   eq (A:Aid =a A) = true .
05:   cq [:nonexec]: A1:Aid = A2:Aid if (A1 =a A2) .
06: }
07: mod* AID-QU (X :: AID=a) {
08:   pr(SEQ=s(X{sort Elt -> Aid, op _=e_ -> _=a_})
09:      *{sort Seq -> Aq,
10:        op nil -> nilQ, op __ -> _|_, op _=s_ -> _=aq_})
11:   op hd_ : Aq -> Aid .
12:   eq hd (A:Aid | Q:Aq) = A .
13: }
14: mod* AID-SET (X :: AID=a) {
15:   pr(SET=s^(X{sort Elt -> Aid, op _=e_ -> _=a_})
16:      *{sort Set -> As, op empty -> empS, op _=s_ -> _=as_})
17:   op _-as_ : As Aid -> As {prec: 38} .
18:   eq (A:Aid S:As) -as A:Aid = S .
19: }
20: mod! STATE (X :: AID=a) {
21:   pr(AID-QU(X) + AID-SET(X))
22:   [State]
23:   op [_r_w_c_] : Aq As As As -> State {constr} .
24: }
```

実行主体をその名前（identifier）で表すことにし，01:-06: のモジュール `AID=a` で実行主体の名前の集合を定義する．02: の `Aid` が実行主体の名前（agent identifier）の集合を表すソートであり，03: の `_=a_` は `Aid` の要素間の等価性を定義する等価述語である．04:-05: の2つの等式は `_=a_` が等価述語であることを宣言している．等価述語が定義された集合であれば，`Aid` はどのような集合でもよいので，01: の `mod*` でモジュール `AID=a` はゆるいモデル（2.1.1 参照）を持つと宣言される．

4.3 のモジュール `SEQ=s` で定義された汎用データ構造の「列」を使って，実行主体の待ち行列を `Aid` の列で表すことにする．列の左端が待ち行列の先頭である

とする．07:-13:のモジュール AID-QU が，Aid の待ち行列を定義する．08:は，ビュー表現{sort Elt -> Aid, op _=e_ -> _=a_} に従って，モジュール SEQ=s のパラメータモジュール 'X :: TRIV=e' をパラメータモジュール 'X :: AID=a' で置き換える．09:-10:は，ソート Seq を Aq に，定数 nil を nilQ に，演算 __ を _|_ に，演算 _=s_ を _=aq_ に，それぞれ名前換えする．11:-12:は，Aid の列（ソート Aq の要素）の左端（つまり待ち行列の先頭）の要素を返す演算 hd_ を定義する．

14:-19:のモジュール AID-SET は，汎用データ構造の「集合」を定義する 4.15 のモジュール SET=s^ を使って，要素の追加や削除，等価性判定などが行える Aid の集合を定義する．15:は，ビュー表現{sort Elt -> Aid, op _=e_ -> _=a_} に従って，モジュール SET=s のパラメータモジュール 'X :: TRIV=e' をパラメータモジュール 'X :: AID=a' で置き換える．16:は，ソート Set を As に，定数 empty を empS に，演算 _=s_ を _=as_ に，それぞれ名前換えする．17:-18:は，Aid の集合（ソート As の要素）から特定の要素（ソート Aid の要素）を削除する演算 _-as_ を定義する．

20:-24:のモジュール STATE が，QLOCK システムが動作中の任意の時点での状態を表すソート State (22:) を定義する．STATE は，パラメータモジュール 'X :: AID=a' を持ち，21:により AID-QU(X) と AID-SET(X) をサブモジュールとするので，その中でソート Aq と As が使用可能となる．23:で，1番目の引数のソートが Aq で，2番目，3番目，4番目の引数のソートが As である，ソート State の唯一の構成子 [_r_w_c_] が宣言される[3]．したがって，q をソート Aq の式，sr, sw, sc をソート As の式とすると，ソート State の式 [q r sr w sw c sc] が QLOCK システムの状態を表す．4つの引数 q, sr, sw, sc は，q が待ち行列を，sr が待ち行列に入っていない Aid の集合を，sw が待ち行列に入っていて共用資源を使用中でない Aid の集合を，sc が待ち行列に入っていて共用資源を使用中の Aid の集合を，それぞれ表す．

以下の 25:-43:に示される3つのモジュール WTtr, TYtr, EXtr は，モジュール STATE をサブモジュールとし，ソート State 上の3つの**遷移規則 (transition rule)** wt, ty, ex[4] を定義する．wt, ty, ex はそれぞれ，5.1 の (1), (2), (3) で記述された QLOCK プロトコルの3つの規則をソート State 上の遷移

---
[3] r, w, c はそれぞれ remainder section, waiting section, critical section の略記である．
[4] wt, ty, ex はそれぞれ want, try, exit の略記である．

5.2 QLOCK システムの仕様

規則として定式化している．これにより，3つの遷移規則 wt, ty, ex を定義する3つのモジュール WTtr, TYtr, EXtr から構成される遷移システムとして，QLOCK システムが定式化される．

```
25:  mod! WTtr {
26:    pr(STATE)
27:    tr[wt]:
28:      [Q:Aq            r Ar:Aid Sr:As w Sw:As        c Sc:As]
29:      => [Q:Aq | Ar:Aid r Sr:As       w Ar:Aid Sw:As c Sc:As] .
30:  }
31:  mod! TYtr {
32:    pr(STATE)
33:    tr[ty]:
34:      [A:Aid | Q:Aq r Sr:As w A Sw:As c Sc:As]
35:      => [A | Q     r Sr    w Sw      c A Sc] .
36:  }
37:  mod! EXtr {
38:    pr(STATE)
39:    ctr[ex]:
40:      [A:Aid | Q:Aq r Sr:As w Sw:As c Sc:As]
41:      => [Q         r A Sr  w Sw    c Sc -as A]
42:      if (A in Sc) .
43:  }
```

27: の tr は trans の略記であり，遷移規則を宣言する **CafeOBJ** のキーワードである．遷移規則には，等式と同じように，[wt]: と宣言することで，wt という名前を付けることができる．28: のソート State の式が遷移規則の左辺であり，29: の=>の後のソート State の式が遷移規則の右辺である．27:-29: の遷移規則は，**現状態（current state）**で待ち行列が Q:Aq，待ち行列に入っていない Aid の集合が 'Ar:Aid Sr:As' であれば，**次状態（next state）**では待ち行列は 'Q | Ar'，待ち行列に入っていない Aid の集合は Sr となる，と宣言している．遷移規則 wt の左辺の Q:Aq, Ar:Aid, Sr:As, Sw:As, Sc:As はこの規則の中で有効な変数である．等式と同様に，遷移規則 wt はこれらの変数に具体的な式を置き換えて得られる，一般には無限個の遷移規則を表している．ソート名が直接宣言された変数 Q:Aq, Ar:Aid, Sr:As, Sw:As, Sc:As などが有効範囲内に2度以上現れるときは，2度目以降のソート宣言 :Aq, :Aid, :As は省いてもよい．

33:-35: の遷移規則 ty は，現状態で待ち行列が 'A:Aid | Q:Aq'，待ち行列に

入っていて共用資源を使用中でない Aid の集合が 'A Sw:As'，待ち行列に入っていて共用資源を使用中の Aid の集合が Sc:As であれば，次状態では待ち行列は 'A | Q'，待ち行列に入っていて共用資源を使用中でない Aid の集合は Sw，待ち行列に入っていて共用資源を使用中の Aid の集合は 'A Sc' となる，と宣言している．

39:の ctr は ctrans の略記であり，**条件付き遷移規則**（conditional transition rule）を宣言する CafeOBJ のキーワードである．39:-42:の条件付き遷移規則は，現状態で待ち行列が 'A:Aid | Q:Aq'，待ち行列に入っていない Aid の集合が 'Sr:As'，待ち行列に入っていて共用資源を使用中の Aid の集合が Sc:As であり，条件 'A in Sc' が成り立てば，次状態では待ち行列は Q，待ち行列に入っていない Aid の集合は 'A Sr'，待ち行列に入っていて共用資源を使用中の Aid の集合は 'Sc -as A' となると宣言している．この条件付き遷移規則は以下のように条件のない遷移規則としても記述できる．

```
44:  tr[ex]:
45:      [A:Aid | Q:Aq r Sr:As w Sw:As c A Sc:As]
46:   => [Q             r A Sr   w Sw    c Sc] .
```

5.3 検索述語によるシミュレーション

tr 宣言や ctr 宣言で記述された遷移規則が定義する遷移システムの振舞いを解析するために，CafeOBJ の組込みモジュール RWL は**検索述語**（search predicate）を提供する．

検索述語には多くの変型があるが，この節では以下の 2 つの検索述語を使って，5.2 の CafeOBJ 仕様が定義する QLOCK システムの振舞いをシミュレーション（simulation）することで，その性質を解析する．

```
pred _=(_,_)=>*_ :
     *Cosmos* NzNat* NzNat* *Cosmos* {prec: 51} .

pred _=(_,_)=>*_suchThat_ :
     *Cosmos* NzNat* NzNat* *Cosmos* Bool {prec: 51} .
```

モジュール M でソート State が定義されており，s をソート State の基底

5.3 検索述語によるシミュレーション

式, m, n をソート NzNat の基底式または*, SS:State をソート State の変数, $pred(s,\text{SS})$ を s と SS を含んでもよいソート Bool の式とする.

ブール式 's =(m,n)=>* SS:State' を簡約すると, **CafeOBJ** システムは, モジュール M 内にある tr 宣言や ctr 宣言で定義された遷移規則により s から n 回以下（0回も含む）の遷移で到達でき, かつ変数 SS にマッチする基底式（つまりソート State の基底式）を検索し, 最初に見付かった m 個を出力する[5]. suchThat 条件を伴う検索述語から構成される式 's =(m,n)=>* SS:State suchThat $pred(s,\text{SS})$' の場合は, $pred(s,\text{SS})$ が true となるソート State の基底式のみを検索する.

変数 SS:State はシステムが検索結果をバインドするための変数であり, 簡約の開始時点で値はバインドされていない. m が*のときは検索結果をすべて表示する. n が*のときは遷移回数に上限を設けず検索する. ただし, すでに到達済みの式に到達したときはそこで検索を打ち切るので, 到達できる式が有限であれば, m と n を共に*としても検索は終了する.

検索述語の値（簡約の結果値）は, 条件を満たす式が1つでも見付かれば true, 1つも見付からなければ false となる.

遷移規則による状態遷移を繰り返して**初期状態**（initial state）から到達可能な状態を**到達可能状態**（reachable state）と呼ぶ. 以下の 01:-14: は, 5.2で定義した3つのモジュール WTtr, TYtr, EXtr から構成される遷移システムで, 実行主体を自然数で表し初期状態を [nilQ r 1 2 w empS c empS] とした QLOCK システムの到達可能状態を, 組込み検索述語 _=(_,_)=>*_ を使って表示させた結果を示している.

```
01:   open (WTtr + TYtr + EXtr)
02:        (NAT{sort Aid -> Nat,
03:              op A1:Aid =a A2:Aid -> A1:Nat == A2:Nat}) .
04:   red [nilQ r 1 2 w empS c empS] =(*,*)=>* S:State .
05:   close
```

---

[5] =>* の * が 0 回の遷移も検索対象とすることを意味する.

```
c06:    [ nilQ r 1 2 w empS c empS ]
c07:    [ 1 r 2 w 1 c empS ]
c08:    [ 2 r 1 w 2 c empS ]
c09:    [ 1 r 2 w empS c 1 ]
c10:    [ 2 r 1 w empS c 2 ]
c11:    [ (1 | 2) r empS w (2 1) c empS ]
c12:    [ (2 | 1) r empS w (1 2) c empS ]
c13:    [ (1 | 2) r empS w 2 c 1 ]
c14:    [ (2 | 1) r empS w 1 c 2 ]
```

01:のモジュール式（WTtr + TYtr + EXtr）が表すモジュールは，5.2 の 3 つのモジュール WTtr，TYtr，EXtr をサブモジュールとし，それらが共通のサブモジュールとするモジュール STATE もサブモジュールとする．したがって，STATE のパラメータモジュール 'X.STATE :: AID=a' はモジュール（WTtr + TYtr + EXtr）のパラメータモジュールとなる[6]．02:-03: は，ビュー表現{sort Aid -> Nat, op A1:Aid=a A2:Aid -> A1:Nat == A2:Nat}[7]に従い，パラメータモジュール 'X.STATE :: AID=a' を自然数を定義する組込みモジュール NAT で置き換える．この結果 01:-03: は実行主体の名前（Aid）を自然数とし，3 つの遷移規則 wt，ty，ex が定義されたモジュールをオープンする．

ユーザが 04: を入力すると，システムは待ち行列が空で実行主体が 2 つの状態を表すソート State の基底式 [nilQ r 1 2 w empS c empS] から到達可能なソート State のすべての式を c06:-c14: のように出力する．

c06: は 0 回の遷移で到達可能な式，つまり初期状態として与えた式である．c07:-c08: は 1 回の遷移で到達可能な式，c09:-c12: は 2 回の遷移で到達可能な式，c13:-c14: は 3 回の遷移で到達可能な式である．c09: と c10: から c06: に遷移し，c13: から c08: に遷移するように，c06:-c14: の次状態（1 回で遷移できるソート State の式）は c06:-c14: のいずれかであるので，c06:-c14: が到達可能な状態すべてを示している．c06:-c14: のどの状態でも c に続く共有資源を使用中の実行主体の数は高々 1 つなので，実行主体が 2 つの QLOCK システムでは相互排除性が成り立つことがわかる．

次の 15:-22: のモジュール MXprp は共有資源を使用中の実行主体の数が高々

---

[6] 'show (WTtr + TYtr + EXtr) .' で確かめられる．
[7] ソート Nat はモジュール NAT の主ソートなので 'sort Aid -> Nat' は省略可能である．

5.3 検索述語によるシミュレーション

1であるかを判定する State 上の述語 mx_ を定義する．

```
15: mod! MXprp {
16:   pr(STATE)
17:   pred mx_ : As .
18:   eq (mx empS) = true .
19:   eq (mx (A:Aid AS:As)) = (AS =as empS) .
20:   pred mx_ : State .
21:   eq (mx [Q:Aq r ASr:As w ASw:As c ASc:As]) = (mx ASc) .
22: }
```

検索述語 _=(_,_)=>*_suchThat_ の suchThat 条件に述語 mx_ を使うことで，QLOCK システムが相互排除性を満たすかを判定する以下の 23:-36: のようなコードを書くことができる．

```
23: open (WTtr + TYtr + EXtr + MXprp)
24:      (NAT{sort Aid -> Nat,
25:          op A1:Aid =a A2:Aid -> A1:Nat == A2:Nat}) .
26: red [nilQ r 1 2 w empS c empS] =(*,*)=>* S:State
27:     suchThat (not(mx S)) . --> false
28: red [nilQ r 1 2 3 w empS c empS] =(*,*)=>* S:State
29:     suchThat (not(mx S)) . --> false
30: red [nilQ r 1 2 3 4 w empS c empS] =(*,*)=>* S:State
31:     suchThat (not(mx S)) . --> false
32: red [nilQ r 1 2 3 4 5 w empS c empS] =(*,*)=>* S:State
33:     suchThat (not(mx S)) . --> false
34: red [nilQ r 1 2 3 4 5 6 w empS c empS] =(*,*)=>* S:State
35:     suchThat (not(mx S)) . --> false
36: close
```

26:-27:, 28:-29:, 29:-30:, 31:-32:, 33:-34: の5つの簡約は，それぞれ，2，3，4，5，6個の実行主体が遷移規則 wt, ty, ex に従って遷移するQLOCKシステムについて，初期状態から到達可能な状態の中に述語 not(mx_) を満たすものがあるかを判定する．5つの簡約はいずれも false を返すので，実行主体が6以下のQLOCKシステムに対しては，not(mx_) を満たす状態（つまり相互排除性が成り立たない状態）が存在しないこと，つまり相互排除性が成り立つことが証明される．原理的には，同様にして実行主体の数が幾つのQLOCKシステムでも相互排除性が成り立つことがシミュレーションにより証明できる．しかし，到達可能な状態の数が指数関数的に増えるので，実際には大きな数の

実行主体を持つQLOCKシステムに対しての証明は実行できない．仮に実行できたとしても「実行主体の数が幾つでもQLOCKシステムは相互排除性を満たす」ことを証明するためには，実行主体の数が異なる無限個のQLOCKシステムに対してシミュレーションを実行する必要があり，原理的に不可能である．

5.4 検索述語による反例発見

検索述語によるシミュレーションは反例（counter example）の発見に有効である．

以下の01:-06:のモジュール WTAtr は，共用資源を使いたくなった実行主体が待ち行列の任意の位置（arbitrary position）に入り込む遷移規則 wta を定義する．また，07:-14:のモジュール SWPtr は，待ち行列にいる任意の2つの実行主体がその位置を交換する（swap）遷移規則 swp を定義する．

```
01:   mod! WTAtr {
02:     pr(STATE)
03:     tr[wta]:
04:       [Qh:Aq | Qt:Aq r Ar:Aid Sr:As w Sw:As c Sc:As]
05:     => [Qh | Ar | Qt  r Sr           w Ar Sw c Sc] .
06:   }
07:   mod! SWPtr {
08:     pr(STATE)
09:     tr[swp]:
10:       [Qh:Aq | Am:Aid | Qm:Aq | At:Aid | Qt:Aq
11:         r Sr:As w Sw:As c Sc:As]
12:     => [Qh    | At     | Qm    | Am     | Qt
13:         r Sr    w Sw    c Sc] .
14:   }
```

以下の15:-20:は，実行主体が1，2の2つのQLOCKシステムが，遷移規則 wt，ty，ex，wta により，相互排除性を満たさない状態に遷移するかをチェックする．

```
15:   open (WTtr + TYtr + EXtr + WTAtr + MXprp)
16:     (NAT{sort Aid -> Nat,
17:          op A1:Aid =a A2:Aid -> A1:Nat == A2:Nat}) .
18:   red [nilQ r 1 2 w empS c empS] =(*,*)=>* S:State
19:     suchThat (not(mx S)) .
20:   close
```

5.4 検索述語による反例発見

以下の 21:-26: は，実行主体が 1，2 の 2 つの QLOCK システムが，遷移規則 wt, ty, ex, swp により，相互排除性を満たさない状態に遷移するかをチェックする．

```
21:  open (WTtr + TYtr + EXtr + SWPtr + MXprp)
22:       (NAT{sort Aid -> Nat,
23:             op A1:Aid =a A2:Aid -> A1:Nat == A2:Nat}) .
24:  red [nilQ r 1 2 w empS c empS] =(*,*)=>* S:State
25:       suchThat (not(mx S)) .
26:  close
```

18:-19: と 24:-25: の 2 つの簡約は共に相互排除性を満たさない次の 2 つの状態（反例）を表示する．

```
[ (1 | 2) r empS w empS c (2 1) ]
[ (2 | 1) r empS w empS c (1 2) ]
```

初期状態から反例の状態へどのような遷移を経て到達するかは命令 'show path *stateNumber*' で見ることができる．24:-25: は状態 [(1 | 2) r empS w empS c (2 1)] を [state 11] として表示するので，24:-25: の直後に 'show path 11' と入力すると以下の遷移の列（CafeOBJ システムからの出力を見やすいように整形してある）が確認できる．

```
         ([ nilQ r (2 1) w empS c empS ])
  =wt=>  ([ 2 r 1 w 2 c empS ])
  =wt=>  ([ (2 | 1) r empS w (2 1) c empS ])
  =ty=>  ([ (2 | 1) r empS w 1 c 2 ])
  =swp=> ([ (1 | 2) r empS w 1 c 2 ])
  =ty=>  ([ (1 | 2) r empS w empS c (2 1) ])
```

反例は，多くの場合に実行主体の数が小さくても存在するので，検索述語を用いたシミュレーションで合理的な時間内に発見できる可能性が高い．

5.5 遷移システムの不変特性と帰納不変特性

初期状態から到達可能なすべての状態（到達可能状態）で true となる状態述語（ランク 'State -> Bool' の演算）を遷移システムの**不変特性**（invariant）と呼ぶ．QLOCK システム（5.2 参照）が相互排除性を満たすことを示すには，状態述語 `mx_`(5.3/20:-21:) が不変特性であることを示せばよい．

遷移システムの初期状態を定義する状態述語（つまり初期状態については true となり初期状態でなければ false となる状態述語）を**初期状態述語**（initial state predicate）と呼ぶ．以下の命題は不変特性の**検証条件**（verification condition）を与える．

> **命題 5.1** [**不変特性の検証条件**] 遷移システム T の初期状態述語を $init$ とする．以下の2つは T の状態述語 $iinv$ が不変特性であるための十分条件（つまり不変特性の検証条件）である．
> (1) ソート State の任意の式 s について，$(init(s)$ implies $iinv(s))$ が成り立つ．
> (2) ソート State の式の任意のペア (s,s') について，遷移規則の1回の適用で s から s' へ遷移できれば，$(iinv(s)$ implies $iinv(s'))$ が成り立つ．

命題 5.1 の (1) は初期状態は状態述語 $iinv$ を満たすことを示す．(2) は状態述語 $iinv$ が成り立つ現状態から1回で遷移できる次状態では状態述語 $iinv$ が成り立つことを示す．したがって，(1) と (2) が成り立つと，遷移の回数に関する帰納法により，初期状態から遷移できる任意の状態（つまり任意の到達可能状態）で状態述語 $iinv$ が成り立つ．(2) が帰納ステップに対応する．

命題 5.1 の (1) を**初期状態条件**（initial state condition），(2) を**帰納不変条件**（inductive invariant condition）と呼び，初期状態条件と帰納不変条件が成り立つ状態述語 $iinv$ を**帰納不変特性**（inductive invariant）と呼ぶ．帰納不変特性は不変特性であるが，不変特性は帰納不変特性であるとは限らない．

以下のモジュール `INITprp` は QLOCK システムの初期状態述語 `init_`(06:) を定義する．

5.5 遷移システムの不変特性と帰納不変特性

```
01:  mod! INITprp {
02:    pr(STATE)
03:    pred init_ : As .
04:    eq (init empS) = false .
05:    eq (init (A:Aid AS:As)) = true .
06:    pred init_ : State .
07:    eq (init [Q:Aq r ASr:As w ASw:As c ASc:As])
08:      = ((Q =aq nilQ) and (init ASr) and
09:         (ASw =as empS) and (ASc =as empS)) .
10:  }
```

qをソート Aq の式，sr, sw, sc をソート As の式とすると，QLOCK システムの状態を表すソート State の式 [q r sr w sw c sc] に対して状態述語 init_ が true になる条件は，以下のように定義される (08:-09:)．q が nilQ で，(init sr) が成り立ち（つまり sr が empS でなく (04:-05:)），sw と sc が empS である．

状態述語 mx_ (5.3/20:-21:) が不変特性であることを示すには，それが命題 5.1 の初期状態条件 (1) と帰納不変条件 (2) を満たす帰納不変特性であることを示せば十分である．ソート State の任意の式 s について ((init s) implies (mx s)) が成り立つので (5.6 で証明スコアを示す)，条件 (1) は満たされる．しかし，以下のような反例があり，状態述語 mx_ は条件 (2) を満たさない．a1, a2 をソート Aid の要素とすると，状態（ソート State の要素）[a1 r empS w a1 c a2] に対して状態述語 mx_ は true であるが，遷移規則 ty (5.2/33:-35:) で遷移した次状態 [a1 r empS w empS c (a1 a2)] では状態述語 mx_ は false となる．したがって，状態述語 mx_ は帰納不変特性ではない．

帰納不変特性でない状態述語 inv が不変特性であることを，命題 5.1 の検証条件 (1), (2) を用いて証明するには，適当な状態述語 inv' を選び，($iinv$(S:State) $\stackrel{\text{def}}{=}$ inv(S) and inv'(S)) で定義される状態述語 $iinv$ が帰納不変特性であることを示せばよい．帰納不変特性は不変特性であるので，到達可能な任意の状態 s に対し，(inv(s) and inv'(s)) は true となり，inv(s) は true となる．したがって inv は不変特性である．

状態述語 inv' は，複数の状態述語を _and_ で結合した**論理積 (conjunction)** として表されることも多く，それを発見するためにはモデルと仕様への洞察が必要となる．($iinv$(S:State) $\stackrel{\text{def}}{=}$ inv(S) and inv'(S)) が帰納不変特性になるよ

うな状態述語 inv' を発見することは，帰納不変特性ではない inv が不変特性であることの（初期状態条件と帰納不変条件を用いた）証明においてもっとも難しい部分である．

状態述語 `mx_`（5.3/20:-21:）が帰納不変特性でないことを示した上記の反例の状態 [a1 r empS w a1 c a2] は，実行主体が2つの QLOCK システムのすべての到達可能状態を示した5.3/c06:-c14:に含まれず，到達可能状態ではない．したがって，この状態では `false` となり到達可能状態では `true` となる状態述語を見付け，状態述語 `mx_` との論理積を作ると，帰納不変特性となる可能性がある．以下のモジュール `HQ=Cprp` が定義する状態述語 `hq=c_`（03:）は，「共用資源を使用中の実行主体はキューの先頭にいる」ことを意味し，上の反例の状態 [a1 r empS w a1 c a2] では `false` となり，`mx_` との論理積 ((mx S:State) and (hq=c S)) が定義する状態述語は帰納不変特性であることが示せる．

```
11:  mod! HQ=Cprp {
12:    pr(STATE)
13:    pred hq=c_ : State .
14:    eq (hq=c [Q:Aq r ASr:As w ASw:As c ASc:As]) =
15:       (ASc =as empS) or (not(Q =aq nilQ) and ((hd Q) =as ASc)) .
16:  }
```

状態述語 '(mx S:State) and (hq=c S)' の初期状態条件（命題 5.1/(1)）の証明スコアを 5.6 で示し，帰納不変条件（命題 5.1/(2)）の証明スコアを 5.8 で示す．

5.6 初期状態条件の証明スコア

以下の 01:-18: は，状態述語 '(mx S:State) and (hq=c S)' の初期状態条件（命題 5.1/(1)）の証明スコアである．

```
01:  mod INITcheck-mx {
02:    pr(INITprp + MXprp + HQ=Cprp)
03:    pred check-init_ : State .
04:    eq (check-init S:State) =
05:       (init S) implies ((mx S) and (hq=c S)) .
06:    op q : -> Aq .
07:    ops sr sw sc : -> As .
08:    op initCheck : -> Bool .
09:    eq initCheck = check-init [q r sr w sw c sc] .
```

5.6 初期状態条件の証明スコア

```
10:     ops a1 ac1 : -> Aid .
11:     op q1 : -> Aq .
12:     op sc1 : -> As .
13:   }
14:   select INITcheck-mx .
15:   :goal{eq initCheck = true .}
16:   :def q=nil = :csp{eq q = nilQ . eq q = (a1 | q1) .}
17:   :def sc=em = :csp{eq sc = empS . eq sc = (ac1 sc1) .}
18:   :apply(q rd- sc rd-)
```

01:-13:のモジュール INITcheck-mx は，初期状態条件をチェックするための命題 initCheck (08:-09:) を定義する．

03:-05:で状態述語 check-init_ が，'eq (check-init S:State) = (init S) implies ((mx S) and (hq=c S)) .' のように定義される．したがって，ソート State の任意の式 s に対して，(check-init s) が true であることを示せば，初期状態条件が成り立つ．

命題 initCheck は，06:-07:で宣言された未使用定数 q，sr，sw，sc に対し，'eq initCheck = check-init [q r sr w sw c sc] .' (09:) で定義される．

値ソート（コアリティ）が制約ソート State である演算は構成子 [_r_w_c_] だけであり，構成子モデルだけが対象なので，ソート State の任意の式は必ず [q r sr w sw c sc] に含まれる定数 q，sr，sw，sc を詳細化した式に等価である．したがって，initCheck が true であることが示せれば，初期状態条件が成り立つ．

10:-12:は q と sc の詳細化のための未使用定数の宣言である．

14:-18:は initCheck が true であることを仕様計算（4.8～4.11 参照）により証明している．

15:は 'initCheck = true' をチェックすることがゴールであることを宣言する．

16:は 2 つの等式 'q = nilQ' と 'q = (a1 | q1) .' による場合分けの証明規則 q=nil を定義する．この証明規則が網羅的な場合分けであることは，構成子モデルだけが対象であり，制約ソート Aq の構成子が nilQ と _|_ であることから保証される．これは典型的な**構成子に基づく場合分け（constructor based casesplit）**である．

17:は等式 'sc = empS' が成り立つか否かによる証明規則 sc=em 定義する．

18:はゴールに2つの証明規則 q=nil と sc=em 適用して，可能なすべての場合にゴールが成り立つかをチェックするサブゴールを生成し，すべてのサブゴールが成り立つことを確認して，'** All goals are successfully discharged.' というメッセージを表示して証明を完結する．

状態述語 mx_ は sc だけに，状態述語 hq=c_ は q と sc だけに，依存しているので，q と sc に関する場合分けに基づく証明規則を使うだけで証明は成功する．

01:-18:の後に':show proof'を入力するとシステムは以下のように出力するので，証明が成功したことが確認できる．

```
c19:    root*
c20:    [q=nil]   1*
c21:    [sc=em]   1-1*
c22:    [sc=em]   1-2*
c23:    [q=nil]   2*
```

5.7 検索述語による遷移の検索

帰納不変条件（命題 5.1/(2)）のチェックには「遷移規則の1回の適用で s から s' へ遷移できるソート State の式のペア (s,s')」（つまり1回の遷移）を検索する必要がある．以下の組込み検索述語[8]がこれを可能にする．

(A)　pred _=(*,1)=>+_if_suchThat_{_} :
　　　　Cosmos *Cosmos* Bool Bool *Cosmos* {prec: 51} .

ソート State の基底式 s，ソート State の変数 SS:State，ソート Bool の変数 CC:Bool とこの検索述語から構成されるブール式：

(B)　s =(*,1)=>+ SS:State
　　　　　if CC:Bool suchThat $pred(s,\text{SS},\text{CC})$ {$info(s,\text{SS},\text{CC})$}

をソート State が定義されているモジュール M で簡約すると，CafeOBJ システムは以下の (1), (2), (3) を行い，$pred(s,\text{SS},\text{CC})$ を true にするような1回の遷移 (s,SS) を検索する．ここで，s はソート State の基底式，SS:State はソート State の変数，CC:Bool はソート Bool の変数，$pred(s,\text{SS},\text{CC})$ は s, SS, CC を含んでもよいソート Bool の式，$info(s,\text{SS},\text{CC})$ は s, SS, CC を含んでもよ

---
[8] 7引数の述語 _=(_,_)=>+_if_suchThat_{_} の第2引数を*，第3引数を 1 として，5引数の述語 _=(*,1)=>+_if_suchThat_{_} としたものである．=>+の+が0回の遷移は検索対象としないことを意味し，正確に1回の遷移だけが検索される．

5.7 検索述語による遷移の検索

い式である．SS, CC はシステムが検索結果をバインドするための変数であり，簡約の開始時点で値はバインドされていない．

(1) M に属する遷移規則を具体化した規則の中に左辺が s と同一なものが存在するかを検索する．すなわち，左辺が s とマッチする遷移規則を検索する．

(2) 左辺が s と同一な具体化された遷移規則 r が存在すれば，変数 SS に r の右辺をバインドする．r が条件付き規則であれば変数 CC に r の条件式（ブール式）をバインドし，r が条件付き規則でなければ変数 CC に true をバインドする．$pred(s,\text{SS},\text{CC})$ が true であれば，検索は成功し，$info(s,\text{SS},\text{CC})$ を出力する．

(3) 検索が成功し $info(s,\text{SS},\text{CC})$ が1つでも出力されれば，簡約結果を true とし，そうでなければ false とする．

(A) の検索述語 `_=(*,1)=>+_if_suchThat_{_}` を使うと，現状態と次状態に関する述語 cnr がすべての1回の遷移について成り立つかをチェックする述語 check-cnr が以下のモジュール CHECKcnr で定義できる．

```
01: mod CNR {
02:   [State Data]
03:   pred cnr : State State Data .
04: }
05: mod CHECKcnr (X :: CNR) {
06:   inc(RWL)
07:   -- information to output
08:   [Info]
09:   op !!! counter example !!! :  -> Info .
10:   op ### not determined ### :  -> Info .
11:   op _;_=>_ : Info State State -> Info .
12:   op _%_ : Info Bool -> Info .
13:   op cec : Bool Bool -> Info .
14:   cq cec(B1:Bool,B2:Bool) = !!! counter example !!!
15:     if (B1 == true) and (B2 == false) .
16:   cq cec(B1:Bool,B2:Bool) = ### not determined ###
17:     if not((B1 == true) and (B2 == false)) .
18:   op i : State State Data Bool -> Info .
19:   eq i(S:State,SS:State,D:Data,CC:Bool) =
20:     (cec(CC,cnr(S,SS,D)) ; S => SS) .
21:   -- predicate to check cnr against 1 step transitions
22:   pred check-cnr : State Data .
```

```
23:    eq check-cnr(S:State,D:Data) =
24:       not(S =(*,1)=>+ SS:State if CC:Bool
25:          suchThat not((CC implies cnr(S,SS,D)) == true)
26:          {i(S,SS,D,CC) % CC % cnr(S,SS,D)}) .
27:    }
```

01:-04: のモジュール CNR は，モジュール CHECKcnr (05:-27:) のパラメータモジュール X (05:) を定義し，現状態と次状態の関係を規定したアリティ 'State State Data' の述語 cnr (current next relation) を提供する．ソート State の1番目と2番目の引数がそれぞれ現状態と次状態を表し，ソート Data の3番目の引数は現状態と次状態の関係を規定するのに必要となる可能性のあるデータを表す．たとえば，述語 cnr で「現状態から次状態への遷移で特定のエージェント a1 が待ち行列から離れる」という関係を規定したければ，パラメータモジュール CNR を具体化するときに，Data を Aid とし cnr の3番目の引数を a1 とすればよい．

06: は 24:-26: で使う組込み検索述語 _=(*,1)=>+_if_suchThat_{_} を提供する組込みモジュール RWL をサブモジュールとすることを宣言する．

08:-20: は，検索が成功したときに出力されるソート Info の式 (26: の{と}に囲まれた式) を定義する．

22:-26: で定義される述語 check-cnr はアリティ 'State Data' を持ち，ソート State の基底式 s とソート Data の基底式 d に対してブール式 check-cnr(s,d) は (23:-26: により) 以下の式 (C) に等しい．

(C)
```
not(s =(*,1)=>+ SS:State if CC:Bool
   suchThat not((CC implies cnr(s,SS,d)) == true)
   {i(s,SS,d,CC) % CC % cnr(s,SS,d)})
```

cnr(s,SS,d) はパラメータモジュール 'X :: CNR' を具体的な実モジュールで置き換えることで具体化され，現状態と次状態の関係を規定する．'not((CC implies cnr(s,SS,d)) == true)' が (B) の $pred(s,\text{SS},\text{CC})$ に対応し，'i$(s,\text{SS},d,\text{CC})$ % CC % cnr(s,SS,d)' が (B) の $info(s,\text{SS},\text{CC})$ に対応する．

ブール式 (C) を簡約すると，ブール演算 not_ の引数の検索述語 '_=(*,1)=>+ _if_suchThat_{_}' を最外演算とする式が簡約され，'not((CC implies cnr(s,SS,d)) == true)' が true となる．つまり '(((CC implies cnr$(s,\text{SS},$

d))== true)' が false となる,すなわち '(CC implies cnr(s,SS,d))' が true とならない,SS と CC(つまり具体化された遷移規則)を検索する.

[**検索が成功するとき**]:cnr(s,SS,d) が true であれば '(CC implies cnr(s, SS,d))' は CC の値に関わらず true となる.したがって,'(CC implies cnr(s,SS,d))' が true とならない SS と CC が存在すれば,左辺が s に右辺が SS に条件式が CC にそれぞれ同一な具体化された遷移規則が存在し,1回の遷移(s,SS)に関して cnr(s,SS,d) が true とならない.このとき,ブール式 (**C**) の検索述語を最外演算とするブール式は true に簡約され,ソート Info の式 'i(s,SS,d,CC) % CC % cnr(s,SS,d)' の簡約形が出力され,ブール式 (**C**) は false に簡約される.

[**検索が失敗するとき**]:'(CC implies cnr(s,SS,d))' が true とならない SS と CC が見付からなければ,式 s と同一な左辺を持つ任意の具体化された遷移規則に対して,'(CC implies cnr(s,SS,d))' は true となる.これは CC が false であるか cnr(s,SS,d) が true であるかを意味する.CC が false のときは条件付き遷移規則が適用されないので,遷移は起こらないが,そのほかの場合は,1回の遷移(s,SS)に関して cnr(s,SS,d) は true である.したがって,検索が失敗すればブール式 (**C**) の検索述語を最外演算とする部分式は false に簡約され,ブール式 (**C**) は true に簡約される.

以上の議論からブール式 (**C**)(つまりブール式 check-cnr(s,d))の簡約形が true であれば,任意の1回の遷移(s,SS)に関して cnr(s,SS,d) が true であると証明される.

5.8 帰納不変条件の証明スコア

状態述語 '(mx S:State) and (hq=c S)' の帰納不変条件 5.5/(2) の証明スコアは,5.7 のモジュール CHECKcnr を使って以下のように作成できる.

次のモジュール CNRiinv-mx はモジュール CHECKcnr のパラメータモジュール 'X :: CNR' を置き換えることを想定して,述語 cnr に対応する述語 cnr-iinv を定義する.

160　第 5 章　遷移システムの仕様と検証

```
01:    mod CNRiinv-mx {
02:      pr(MXprp + HQ=Cprp)
03:      pred iinv : State .
04:      eq iinv(S:State) = ((mx S) and (hq=c S)) .
05:      pred cnr-iinv : State State Aid .
06:      eq cnr-iinv(S:State,SS:State,A:Aid) =
07:        (iinv(S) implies iinv(SS)) .
08:    }
```

　03:-04 で状態述語 '(mx S:State) and (hq=c S)' に iinv という名前を付け, 05:-07 で述語 cnr-iinv(S:State,SS:State,A:Aid) を (iinv(S) implies iinv(SS)) と定義する. これは, 現状態 S:State で iinv(S:State) が成り立てば次状態 SS:State でも iinv(SS:State) が成り立つ, つまり iinv(S:State) が1回の遷移で不変である, ことを宣言している.

　cnr-iinv(S:State,SS:State,A:Aid) の 3 番目の引数は, 述語 cnr-iinv と述語 cnr のアリティを揃えるためにあり, 等式の右辺 (07:) には現れない.

　次のモジュール IINVcheck-mx は, モジュール CHECKcnr のパラメータモジュール 'X :: CNR' をモジュール CNRiinv-mx で置き換えて, 述語 cnr-iinv が任意の遷移について成り立つかをチェックする述語 check-iinv_ を定義する.

```
09:    mod IINVcheck-mx {
10:      inc(CHECKcnr(CNRiinv-mx{sort Data -> Aid, op cnr -> cnr-iinv}))
11:      pred check-iinv_ : State .
12:      op dummyAid : -> Aid .
13:      eq check-iinv S:State = check-cnr(S,dummyAid) .
14:    }
```

　10: のモジュール式で cnr は cnr-iinv に置き換わり, 13: の等式から, s をソート State の式とすると, (check-iinv s) は check-cnr(s,dummyAid) と等しい. したがって, (check-iinv s) が true に簡約されれば, すべての 1 回の遷移 (s,SS:State) に対して, cnr-iinv(s,SS,dummyAid) が true である, つまり (iinv(s) implies iinv(SS)) が true である, ことが証明される.

　(check-iinv s) の簡約は, 検索述語の簡約を通して, 具体化された遷移規則を検索することで, 1 回の遷移 (s,SS:State) を検索するので, その (s,SS:State) の s は必ずいずれかの遷移規則の左辺を具体化した基底式である. したがって,

5.8 帰納不変条件の証明スコア

(check-iinv s) が true となるかのチェックは遷移システムを構成する遷移規則ごとに行ってよい. つまり, ソート State のすべての式 s に対して (check-iinv s) が true に簡約されることをチェックするためには, 検証したい遷移システムを構成する遷移規則各々に対して以下の **RWC** (rule-wise check) を行うだけでよい.

(RWC) 遷移規則の左辺 l に現れる変数をすべて未使用定数で置き換えた基底式を l_g とし, その遷移規則だけからなる遷移システムで (check-iinv l_g) が true に簡約されることをチェックする.

5.2 の 3 つの遷移規則 wt, ty, ex から構成される QLOCK システムについて状態述語 iinv(S:State)(= ((mx S) and (hq=c S))) の帰納不変条件を証明するためには, 3 つの遷移規則 wt, ty, ex 各々について, **(RWC)** を行えばよい.

以下の 15:-34: は遷移規則 ty に対する状態述語 iinv(S:State) の帰納不変条件の証明スコアである.

```
15:   --> module for checking on TYtr
16:   mod IINVcheck-mx-ty {
17:    inc(IINVcheck-mx + TYtr)
18:    -- fresh proof constants
19:    ops a : -> Aid .
20:    op q : -> Aq .
21:    ops sr sw sc : -> As .
22:    -- proposition to be checked
23:    pred iinvCheck-ty : .
24:    eq iinvCheck-ty = check-iinv [(a | q) r sr w (a sw) c sc] .
25:    -- fresh proof constants for refinement
26:    op ac1 : -> Aid .
27:    op sc1 : -> As .
28:   }
29:   --> check (iinvCheck-ty = true)
30:   select IINVcheck-mx-ty .
31:   :goal{eq iinvCheck-ty = true .}
32:   :def sc=em = :csp{eq sc = empS . eq sc = (ac1 sc1) .}
33:   :def a=ac1 = :csp{eq a = ac1 . eq (a =a ac1) = false .}
34:   :apply(sc=em rd- a=ac1 rd-) --> all goals are discharged
```

16:-28: で定義されるモジュール IINVcheck-mx-ty は, 述語 check-iinv を含むモジュール IINVcheck-mx と遷移規則 ty を含むモジュール TYtr をサブ

モジュールとし（17:），遷移規則 ty を唯一の遷移規則とする遷移システムを定義する．ty の左辺は [(A:Aid | Q:Aq) r Sr:As w (A:Aid Sw:As) c Sc:As] であるので，それに含まれる変数を 18:-21:で宣言される未使用定数で置き換えた基底式は [(a | q) r sr w (a sw) c sc] となる．24:の等式は，この基底式に述語 check-iinv を適用した基底式 (check-iinv [(a | q) r sr w (a sw) c sc]) を iinvCheck-ty と定義している．したがって，iinvCheck-ty が true に簡約されることを示せば帰納不変条件が証明される．

30:-34:が，仕様計算により，iinvCheck-ty が true であることを証明する．31:で 'iinvCheck-ty = true' がゴールであることを宣言し，32:と 33:で定義した証明規則 sc=em と a=ac1 を使って，34:で:apply 命令により証明木を生成し，すべてのゴールが成り立つことをチェックする．生成されるゴールとそれらの証明の過程は，34:の後で:show proof や:desc proof を実行することで確認できる．

'iinv(S:State) = ((mx S) and (hq=c S))' であるので，mx_(モジュール MXprp) や hq=c_(モジュール HQ=Cprp) の定義に現れる 'a | q' と sc を詳細化（refine）することで，iinvCheck-ty が true に簡約されることを示すことが基本戦略である．31:-34:では，sc と 'a | q' を証明規則 sc=em と a=a1 により詳細化することにより有効な証明スコアが作成されている．'eq sc = empS .' と 'eq sc = (ac1 sc1) .' は sc が empS であるか否かの完全な場合分けであることが証明規則 sc=em の正しさを保証する．

(RWC) において，遷移規則の左辺 l を具体化して得られるすべての基底式を対象とする必要はなく，l_g だけで十分なのは以下のように説明される．(check-iinv l_g) が true に簡約されると，すべての1回の遷移 (l_g,SS:State) について (iinv(l_g) implies iinv(SS)) は，32:-33:で導入された場合分けの証明規則により生成されるすべての場合について true に簡約される．遷移規則の左辺 l を具体化した任意の基底式 s は，l_g の未使用定数を詳細化したものであるので，検索述語による検索も含め，生成されたすべての場合の中で s が該当する場合について，l_g に対する簡約列をそのまま適用することができる．したがって，(check-iinv l_g) が true に簡約されることを示せば，該当するすべての場合について (check-iinv s) が true に簡約され，すべての1回の遷

移 (s,SS:State) について (iinv(s) implies iinv(SS)) は true であること
が示される．

遷移規則 wt や ex に対する状態述語 iinv(S:State) の帰納不変条件の証明
スコアも 15:-34: と同様に作成できる．

練習問題 5.1 [**帰納不変条件 wt**] 遷移規則 wt に対する状態述語 iinv(S:State)
の帰納不変条件の有効な証明スコアを作成せよ．□

練習問題 5.2 [**帰納不変条件 ex**] 遷移規則 ex に対する状態述語 iinv(S:State)
の帰納不変条件の有効な証明スコアを作成せよ．□

5.8.1 未使用定数の詳細化

2.6.1 で説明した通り，証明スコアにおける未使用定数は「任意の要素を記
号的に表す」という重要な役割を演ずる．さらに，5.8/26:-27: で宣言された
未使用定数 ac1, sc1 は，ゴール (5.8/31:) の中核となる式 [(a | q) r sr w
(a sw) c sc] (5.8/24:) に含まれる 5.8/19:-21: で宣言された未使用定数 a, q,
sr, sw, sc を，証明規則 sc=em (5.8/32:) と a=ac1 (5.8/33:) を通じて詳細
化するという役割も演ずる．このような未使用定数の使用法は仕様計算による
証明 (5.8/30:-34:) を支える重要な技法である．

5.8/19:-21: と 5.8/26:-27: の未使用定数の宣言とそれに基づく 5.8/32:-33: の
証明規則の宣言は，以下に示すような規約に従い体系的に行うことが推奨される．

(1) ゴールを表現するための未使用定数 a, q, sr, sw, sc (5.8/19:-21:)
とそれらを詳細化するための未使用定数 ac1, sc1 (5.8/26:-27:) を明
確に区別して宣言する．ゴールを表現するための未使用定数は，必然的に，
詳細化のための未使用定数より先に宣言される．

(2) どの未使用定数がどの未使用定数を詳細化しているかが明確となる名前
付けをする．たとえば，未使用定数 ac1, sc1 (5.8/26:-27:) は未使用定
数 sc (5.8/21:) を証明規則 sc=em (5.8/32:) を通じて 'sc = (ac1 sc1)'
のように詳細化している．もし，sc1 をさらに詳細化する必要があれば，
未使用定数 ac2, sc2 を ac1, sc1 (5.8/26:-27:) と同様に宣言し，'sc1
= (ac2 sc2)' のように詳細化する．

(3) 5.8/33:のように，'eq a = ac1 .' のような両辺共に未使用定数である等式を:csp命令の引数とするときは，未使用定数の宣言 (5.8/(19:-21:)+(26:-27:)) で (上→下)+(左→右) の順番で右辺が左辺の後になるようにする．こうすることで，'eq a = ac1 .'，'eq ac1 = ac2 .'，'eq ac2 = a .' といった無限書換えを引き起こす等式の生成を防ぐ．

上の (1), (2), (3) の規約に従うことで，未使用定数を詳細化する証明規則を用いる仕様計算に基づく証明スコアの信頼性が保たれる．

5.8.2 binspect と bshow

5.8/32:，33:のような証明規則を適切に定義し，有効な証明スコアを作成するためには場合分けのための基礎命題を発見する必要がある．`true` や `false` に簡約されることを想定しているブール式の途中結果を解析するのは基礎命題を見付けるための有力な方法である．

たとえば，5.8/15:-34:の証明スコアは，5.8/31:-34:を以下の 01:-03: で置き換えて，ゴール ':goal{eq iinvCheck-ty = true .}' が証明できれば，有効な証明スコアとなる．

```
01:    select IINVcheck-mx-ty .
02:    :goal{eq iinvCheck-ty = true .}
03:    :apply(rd-)
```

しかし，**CafeOBJ** は，:apply(rd-) (03:) に対して以下のように出力しゴールが証明できないことを示す．

```
[rd-]=> :goal{root}
{ CC:Bool |-> true, SS:State |-> [ (a | q) r sr w sw c (a sc) ],
Sw:As |-> sw, A:Aid |-> a, Q:Aq |-> q, Sr:As |-> sr, Sc:As |-> sc }
--> (### not determined ### ; [ (a | q) r sr w (a sw) c sc ]
=> [ (a | q) r sr w sw c (a sc) ] % true % (sc =< a and
a in sc and mx sc xor sc =< empS and mx sc xor sc =< empS and
sc =< a and a in sc and mx sc xor true xor mx sc and sc =<
empS and sc =< a)):Info
{ CC:Bool |-> true, SS:State |-> [ (a | q) r sr w sw c (a sc) ],
Sw:As |-> sw, A:Aid |-> a, Q:Aq |-> q, Sr:As |-> sr, Sc:As |-> sc }
```

これは 5.7/26:の 'i(S,SS,D,CC) % CC % cnr(S,SS,D)' が出力したものであ

5.8 帰納不変条件の証明スコア

り，次の xor-and 標準形のブール式が true に簡約できないので，':goal{eq iinvCheck-ty = true .}' が証明できないことを示している．

```
(sc =< a and a in sc and mx sc xor sc =< empS and mx sc xor
 sc =< empS and sc =< a and a in sc and mx sc xor true xor
 mx sc and sc =< empS and sc =< a)
```

このブール式を解析すれば有効な基礎命題のヒントが得ることができる．ブール式解析の支援として CafeOBJ には binspect と bshow の2つの命令があり，解析したいブール式に binspect 命令を適用した後で 'bshow grind' と入力することで整形されたブール式が出力される．たとえば，01:-03: の後では以下のようなセッションが可能である．

```
u04:    binspect
u05:    (sc =< a and a in sc and mx sc xor sc =< empS and mx sc xor
u06:     sc =< empS and sc =< a and a in sc and mx sc xor true xor
u07:     mx sc and sc =< empS and sc =< a) .

u08:    bshow grind

c09:    >> xor ***>
c10:      >> and --->
c11:        'P-1 = (mx sc)
c12:        'P-2 = (sc =< empS)
c13:      <----------
c14:      >> and --->
c15:        'P-1 = (mx sc)
c16:        'P-2 = (sc =< empS)
c17:        'P-3 = (sc =< a)
c18:      <----------
c19:      >> and --->
c20:        'P-1 = (mx sc)
c21:        'P-2 = (sc =< empS)
c22:        'P-3 = (sc =< a)
c23:        'P-4 = (a in sc)
c24:      <----------
c25:      >> and --->
c26:        'P-1 = (mx sc)
c27:        'P-3 = (sc =< a)
c28:        'P-4 = (a in sc)
```

```
c29:    <----------
c30:    <**********
```

c09:-c30 は u05:-u07:のブール式が c20:-c23:の 4 つの命題 'P-1, 'P-2, 'P-3, 'P-4 を要素とする xor-and 標準形であることを示しており，これら 4 つの命題は有効な基礎命題である可能性が高い．実際，5.8/32:の証明規則 sc=em は，c21:の命題 'P-2（つまり命題 (sc =< empS)）が成り立つか否かの場合分けであり，5.8/33:の証明規則 a=ac1 は，証明規則 sc=em で導入された未使用定数 a1 と，すでに 5.8/24:で iinvCheck-ty を定義するために導入されている未使用定数 a との，等価判定による場合分けである．

5.9 遷移システムの到達特性

不変特性は遷移システムのもっとも基本的で重要な性質であり，システムが常に望ましい状態にいる（つまり望ましくない状態には落ち入らない）ことを保証する．遷移システムについて検証すべき性質の多くは不変特性として表現できるが，「システムが必ず望みの状態に到達する」といった特性は不変特性としては表現できない．

「システムが必ず望みの状態に到達する」といった特性を表現するために，遷移システム T の 2 つの状態述語の関係（つまり状態述語のペアの集合）LT_T として T の**到達特性**（**leads-to property**）を定義する．つまり，遷移システム T の状態述語 p と q に対し「T が p を満たす状態になれば必ず q を満たす状態に到達する」とき「(p,q) が T の到達特性である」と定義する．

到達特性を正確に定義するために，まず遷移列を定義する．すべての $i \in \{1,2,\ldots\}$ に対して s_i から s_{i+1} への遷移が存在するような状態の有限列 $s_1 s_2 \cdots s_n$ または無限列 $s_1 s_2 \cdots$ を**遷移列**（**transition sequence**）と呼ぶ．長さ 1 の状態列 s も遷移列とする．到達可能状態は初期状態からその状態への遷移列が存在する状態である．

定義 5.1 [到達特性] 遷移システム T の状態述語 p と q に対し，以下の 2 つが成り立つとき「(p,q) は T の到達特性である」と定義し $(p,q) \in LT_T$ と記す．

5.9 遷移システムの到達特性

(1) p が成り立つ任意の到達可能状態 r_1 から始まる任意の遷移列 $r_1 r_2 \cdots r_m$ ($m \in \{1,2,\ldots\}$) に対し, すべての r_i ($i \in \{1,2,\ldots,m\}$) に対して q が成り立たないとすれば, いずれかの s_j ($j \in \{1,2,\ldots,n\}$) に対して q が成り立つような遷移列 $r_m s_1 \cdots s_n$ ($n \in \{1,2,\ldots\}$) が存在する.

(2) p が成り立つ任意の到達可能状態 r_1 から始まる任意の無限遷移列 $r_1 r_2 \cdots$ に対し, いずれかの r_i ($i \in \{1,2,\ldots\}$) に対して q が成り立つ.

以下では, 遷移システム T の**基本到達特性 (basic leads-to property)** bLT_T を定義しそれを用いて命題 5.2 と命題 5.3 で到達特性 (定義 5.1) の検証条件を明らかにする.

定義 5.2 [**基本到達特性**] 遷移システム T の状態述語 p と q に対し以下の 2 つが成り立つとき「(p,q) は T の基本到達特性である」と定義し $(p,q) \in \text{bLT}_T$ と記す.

(1) s を p が成り立ちかつ q が成り立たない任意の到達可能状態とすると, s には少なくとも 1 つの次状態が存在し, s の任意の次状態 s' で p または q が成り立つ.

(2) 到達可能状態から始まり p が成り立ちかつ q が成り立たない状態だけからなる無限遷移列は存在しない. つまり, s_1 が到達可能状態でかつすべての $i \in \{1,2,\ldots\}$ に対して ($p(s_i)$ and (not $q(s_i)$)) であるような無限遷移列 $s_1 s_2 \cdots$ は存在しない.

(p,q) が T の基本到達特性であるとし, p が成り立つ任意の到達可能状態を s とすると, 「s から, どのように遷移しても, p が成り立つ状態だけからなる有限の遷移列を経て, q が成り立つ状態に必ず到達する」ことが示せる. s で q も成り立てば, 空の遷移列を経て q が成り立つ状態に到達している. s で q が成り立たなければ条件 (1) から任意の次状態 s' で p または q が成り立つ. s' で q が成り立てば q が成り立つ状態に到達している. s' で q が成り立たなければ p が成り立ち, p が成り立つとした s と同じ状況になる. 条件 (2) から p が成り

立ちかつ q が成り立たない状態が無限に続くことはないので，有限の遷移列を経て q が成り立つ状態に必ず到達する．

以下の命題は基本到達特性の検証条件を与える．

> **命題 5.2** [**基本到達特性の検証条件**]　p, q を遷移システム T の状態述語[9]，`State` を T の状態ソート，$\text{TR}_T \subseteq$ `State`×`State` を T の 1 回の遷移の集合，`Nat` を自然数のソートとする．T の不変特性 inv とランク `'State -> Nat'` の演算 [10] m を適当に選び以下の 2 つの条件が成り立てば，$(p,q) \in \text{bLT}_T$ が成り立つ（つまり (p,q) は T の基本到達特性である）．
>
> (1)　$(\forall (s, s') \in \text{TR}_T$
>   　　$((inv(s)$ and $p(s)$ and (not $q(s)))$ implies
>   　　$((p(s')$ or $q(s'))$ and $(m(s) > m(s')))))$
>
> (2)　$(\forall s \in$ `State`
>   　　$((inv(s)$ and $p(s)$ and (not $q(s)))$ implies
>   　　$(\exists s' \in$ `State`$((s, s') \in \text{TR}_T))))$
>
> 条件 (1) を**帰納到達条件**（**inductive leads-to condition**），条件 (2) を**継続到達条件**（**continuous leads-to condition**）と呼ぶ．

命題 5.2 が正しいことは以下のように説明できる．到達可能状態では inv が成り立つので，条件 (1) から，到達可能状態で p が成り立ちかつ q が成り立たなければ，次状態では p か q のいずれかが成り立ちかつ m の値は必ず減少する．条件 (2) から，到達可能状態で p が成り立ちかつ q が成り立たなければ必ず次状態への遷移が存在する．したがって，条件 (1) と条件 (2) から，定義 5.2/(1) が示される．m の値は自然数であり無限に減少し続けることはなく，p が成り立ちかつ q が成り立たない状態が無限に続くことはない．したがって，定義 5.2/(2) が示される．

以下の命題は到達特性を基本到達特性を用いて特徴付ける．

---

[9] 「実行主体 a が待ち行列に入っている」といった状態述語を表現するために，状態述語はアリティ `'State Data'` を持つ可能性があるが，`Data` を明示する必要がないときは $p(s)$ のように記す．5.7 のモジュール CNR の述語 cnr の説明も参照せよ．

[10] 状態述語 p, q と同様に演算 m はアリティ `'State Data'` を持つ可能性があるが，`Data` を明示する必要がないときは $m(s)$ のように記す．

5.9 遷移システムの到達特性

命題 5.3 [**到達特性の検証条件**] p, q, r を遷移システム T の状態述語とし, $(p,q) \in \mathrm{bLT}_T$ を (p -b>$_T$ q) と記し, $(p,q) \in \mathrm{LT}_T$ を (p ->$_T$ q) と記す. 以下の 3 つの規則は到達特性 (_->$_T$_) を基本到達特性 (_-b>$_T$_) を用いて特徴付ける.

(1) (p -b>$_T$ q) implies (p ->$_T$ q)
(2) ((p ->$_T$ q) and (q ->$_T$ r)) implies (p ->$_T$ r)
(3) ((p ->$_T$ r) and (q ->$_T$ r)) implies ((p or q) ->$_T$ r)

命題 5.2 と命題 5.3 は, 到達特性の検証条件を明示しており, 到達特性を検証する証明スコアの作成を可能とする.

[**QLOCK の到達特性**]: QLOCK システムで実行主体 a が待ち行列に入ると, その a は待ち行列に居続け有限の遷移列を経て必ず共用資源を使う状態に入る. 以下のモジュール WCprp (wait to critical property) で定義される状態述語 _inw_ と _inc_ を使うと, これは「任意の実行主体 a について ((a inw_),(a inc_)) が到達特性である」と定式化できる.

```
01: mod WCprp {
02:   pr(STATE)
03:   preds (_inw_) (_inc_) : Aid State .
04:   eq A:Aid inw [Q:Aq r ASr:As w ASw:As c ASc:As] = A in ASw .
05:   eq A:Aid inc [Q:Aq r ASr:As w ASw:As c ASc:As] = A in ASc .
06: }
```

命題 5.2 を使って, 「任意の実行主体 a について ((a inw_),(a inc_)) が基本到達特性である」ことが示せるので, 命題 5.3/(1) により「任意の実行主体 a について ((a inw_),(a inc_)) は到達特性である」ことが示せる. 「任意の実行主体 a について ((a inw_),(a inc_)) は到達特性である」ことの証明には命題 5.3/(2), (3) を使う必要はないが, 望みの状態述語を満たす前に, 幾つかの中間的な状態述語を満たす状態を経由するような並行分散システムの到達特性の証明には命題 5.3/(2), (3) が必要になる.

QLOCK システムについて「任意の実行主体 a について ((a inw_),(a inc_)) が基本到達特性である」ことを wc 特性と呼ぶことにする. 次節と次々節で wc 特性を示す証明スコアを作成する.

5.10 帰納到達条件の証明スコア

wc 特性の帰納到達条件（命題 5.2/(1)）を証明するには，以下の等式 (**RLT**) で定義される述語 cnr に対し，任意の1回の遷移 (s, s') と任意の $a \in \text{Aid}$ について，cnr(s, s', a) が true に簡約されることを示せばよい．

(**RLT**)
```
eq cnr(S:State,SS:State,A:Aid) =
    ((inv(S) and (A inw S) and not(A inc S)) implies
       (((A inw SS) or (A inc SS))  and (m(S) > m(SS)))) .
```

これを示す証明スコアは，5.8 の帰納不変条件の証明スコアと同様に，5.7 のパラメータ化モジュール CHECKcnr を使って作成できる．

(**RLT**) の不変特性 inv と自然数値の演算 m の適切な選択は，モデルと仕様の的確な理解が必要なもっとも困難な部分である．証明スコアを対話的に作成しつつモデルと仕様に対する理解を深めることは inv と m を特定するための有効な方法であるが，inv と m を見付ける一般的なアルゴリズムは存在しない．

5.8 で2つの状態述語 mx_, hq=c_ の論理積で定義される状態述語 '(mx S:State) and (hq=c S)' が帰納不変特性であることを証明する証明スコアを示した．これと同様な証明スコアにより，以下のモジュール WCinvs で定義される5つの状態述語 r^w_, w^c_, r^c_, q=wc_, qvr_ の論理積で定義される状態述語 '(r^w S:State) and (w^c S) and (r^c S) and (q=wc S) and (qvr S)' が帰納不変特性であることが証明できる．したがって，これら2つの帰納不変特性の論理積（つまり7つの状態述語 mx_, hq=c_, r^w_, w^c_, r^c_, q=wc_, qvr_ の論理積）で定義される状態述語 '(mx S:State) and (hq=c S) and (r^w S) and (w^c S) and (r^c S) and (q=wc S) and (qvr S)' も帰納不変特性でありかつ不変特性である．(**RLT**) の不変特性 inv としてこの7つの状態述語の論理積の不変特性を選べば十分である．

```
01:  mod! WCinvs {
02:  pr(Q->S)
03:  pred r^w_ : State .
04:  eq r^w [Q:Aq r ASr:As w ASw:As c ASc:As] =
05:     ((ASr ^ ASw) =as empS) .
06:  pred w^c_ : State .
07:  eq w^c [Q:Aq r ASr:As w ASw:As c ASc:As] =
08:     ((ASw ^ ASc) =as empS) .
```

5.10 帰納到達条件の証明スコア

```
09:    pred r^c_ : State .
10:    eq r^c [Q:Aq r ASr:As w ASw:As c ASc:As] =
11:       ((ASr ^ ASc) =as empS) .
12:    pred q=wc_ : State .
13:    eq q=wc [Q:Aq r ASr:As w ASw:As c ASc:As] =
14:       ((q->s Q) =as (ASw ASc)) .
15:    pred qvr_ : State .
16:    eq qvr [Q:Aq r ASr:As w ASw:As c ASc:As] =
17:       not(((q->s Q) ASr) =as empS) .
18: }
```

以下のモジュール Q->S は，$q \in$ Aq に入っている $a_i \in$ Aid の集合 (q->s q) $\in$ As を定義し (21:-23:)，02: は Q->S を WCinvs のサブモジュールと宣言する．演算 q->s_ は状態述語 q=wc_ と qvr_ の定義 (13:-14:, 16:-17:) に使われる．

```
19: mod! Q->S {
20:    pr(STATE)
21:    op q->s_ : Aq -> As .
22:    eq q->s nilQ = empS .
23:    eq q->s (Q1:Aq | A:Aid | Q2:Aq) = A (q->s (Q1 | Q2)) .
24: }
```

(RLT) の自然数値の演算 m については，以下のモジュール DMS でランク 'State Aid -> Nat' の演算 #dms を定義し，述語 cnr の第3引数の A:Aid に対して，'m(S:State) $\stackrel{\text{def}}{=}$ #dms(S,A)' とすれば十分である．

```
25: mod* DMS {
26:    pr(Q->S)
27:    pr(PNAT*ac)
28:    -- size of As
29:    op #_ : As -> Nat .
30:    eq # empS = 0 .
31:    eq # (A:Aid AS:As) = s (# AS) .
32:    -- the depth of the first appearence of an aid in a queue
33:    op #daq : Aq Aid -> Nat .
34:    cq #daq(A1:Aid | Q:Aq,A2:Aid) =
35:       (if (A1 =a A2) then 0 else (s #daq(Q,A2)) fi)
36:       if (A2 in (q->s (A1 | Q))) .
37:    -- counter count
38:    op #c_ : Nat -> Nat .
39:    eq (#c N:Nat) = if N = 0 then (s 0) else 0 fi .
```

```
40:     -- decreasing Nat measure for wc-property
41:     op #dms : State Aid -> Nat .
42:     eq #dms([Q:Aq r ASr:As w ASw:As c ASc:As],A:Aid) =
43:       ((s s s 0) * #daq(Q,A)) + (# ASr) + (#c (# ASc)) .
44:   }
```

27:のモジュール PNAT*ac は，2.11 で示された，加算_+_と乗算_*_が定義されたペアノ自然数のモジュールである．

#daq(q,a) は，先頭を 0 番目として，a が q の先頭から何番目にあるかを示す（34:-36:）．

inv と m を以上のように定めると，モジュール CHECKcnr のパラメータモジュール 'X :: CNR' を置き換えるべきモジュール CNRwc1 を以下の 45:-53:のように定義できる．その CNRwc1 で CHECKcnr のパラメータ 'X :: CNR' を，ビュー表現{sort Data -> Aid}(55:) を指定して置き換え（演算 cnr の名前は同じなのでビュー表現に入れる必要はない），{op check-cnr -> check-wc1}(56:) のように名前替えして得られるモジュール WC1check が，wc 特性の帰納継続条件をチェックする述語 check-wc1 を定義する（54:-57:）．

```
45:   mod CNRwc1 {
46:     pr(MXprp + HQ=Cprp + WCinvs + DMS + PNAT*ac> + WCprp)
47:     pr(INV-lm)
48:     pred cnr : State State Aid .
49:     eq cnr(S:State,SS:State,A:Aid) =
50:       ((inv(S) and (A inw S) and not(A inc S)) implies
51:       (((A inw SS) or (A inc SS)) and
52:        (#dms(S,A) > #dms(SS,A)))) .
53:   }
54:   mod WC1check {
55:     inc(CHECKcnr(CNRwc1{sort Data -> Aid})
56:         *{op check-cnr -> check-wc1})
57:   }
```

46:のモジュール PNAT*ac> は，52:で使われるソート Nat 上の大小比較述語 _>_ を以下のように定義する．64:-66:の等式は 61:-63:の_>_の定義から導くことができる．

```
58:   mod! PNAT*ac> {
```

5.10 帰納到達条件の証明スコア

```
59:    pr(PNAT*ac)
60:    pred _>_ : Nat Nat .
61:    eq (s X:Nat) > (s Y:Nat) = X > Y .
62:    eq (s X:Nat) > 0 = true .
63:    eq 0 > (s Y:Nat) = false .
64:    eq X:Nat > X = false .
65:    eq (s X:Nat) > X = true .
66:    eq X:Nat > (s X) = false .
67:    }
```

61:-63:の等式は演算_>_を削除するので，モジュール PNAT*ac>は十分完全である．

50:の状態述語 inv は以下のモジュール INV-1m（68:）で定義される．状態述語 inv は7つの状態述語 mx_, hq=c_, r^w_, w^c_, r^c_, q=wc_, qvr_ の論理積を意図したものであるが，その論理積を 50:の implies の前提に直接展開してしまうと，true に簡約されるかをチェックすべき論理式が組み合わせ的に大きくなり，簡約に時間がかかる可能性がある．これを回避するために，inv(S) を 50:の implies の前提に配し，7つの状態述語各々に対し，その述語が成り立たない（つまり false になる）ときは inv(S) の値は false であることを 71:-77:の条件付き等式で宣言する．こうすることで，7つの状態述語のいずれか1つでも false になる状態は到達可能状態でないことが宣言され，その状態に対しては 49:-52:で定義される述語 cnr の値は true となる．

```
68:    mod! INV-1m {
69:      pr(MXprp + HQ=Cprp + WCinvs)
70:      pred inv : State .
71:      cq inv(S:State) = false if not(mx S) .
72:      cq inv(S:State) = false if not(hq=c S) .
73:      cq inv(S:State) = false if not(r^w S) .
74:      cq inv(S:State) = false if not(w^c S) .
75:   -- cq inv(S:State) = false if not(r^c S) .
76:      cq inv(S:State) = false if not(q=wc S) .
77:      cq inv(S:State) = false if not(qvr S) .
78:    }
```

wc 特性の帰納到達条件の証明には状態述語 r^c_ の値は影響せず，75:のようにその条件付き等式をコメントアウトしても証明は成功する．他の条件付き等式をコメントアウトすると証明は成功しない．

以上の議論から，wc 特性の帰納到達条件の証明は，「モジュール WC1check において，ソート State のすべての式 s とソート Aid のすべての式 a に対して，check-wc1(s,a) が true に簡約される」ことに帰着する．それを示すためには，5.8 の帰納不変条件の証明と同様に，QLOCK システムの 3 つの遷移規則 wt，ty，ex 各々について，「(check-iinv l_g) を check-wc1(l_g,a) で置き換えた 5.8/**(RWC)**」を行えばよい．

以下の 79:-97: は遷移規則 wt に対して，「(check-iinv l_g) を check-wc1 (l_g,a) で置き換えた 5.8/**(RWC)**」を行う証明スコアである．

```
79:    mod WC1check-wt {
80:     inc(WC1check + WTtr)
81:     pr(DAQ-lm)
82:     ops ar aa : -> Aid .
83:     op q : -> Aq .
84:     ops sr sw sc : -> As .
85:     op wc1check-wt : -> Bool .
86:     eq wc1check-wt = check-wc1([q r (ar sr) w sw c sc],aa) .
87:     op ac1 : -> Aid .
88:     ops sc1 sw1 : -> As .
89:    }
90:    select WC1check-wt .
91:    :goal{eq wc1check-wt = true .}
92:    :def sc=em = :csp{eq sc = empS . eq sc = (ac1 | sc1) .}
93:    :def aa@sw = :csp{eq sw = aa sw1 . eq aa in sw = false .}
94:    :def ar=aa = :csp{eq ar = aa . eq (ar =a aa) = false .}
95:    :def aa!q = :csp{eq (aa in (q->s q)) = true .
96:                     eq (aa in (q->s q)) = false .}
97:    :apply(sc rd- aa@sw rd- ar=aa rd- aa!q rd-)
```

79:-89: で定義されるモジュール WC1check-wt は，述語 check-wc1 を含むモジュール WC1check と遷移規則 wt を含むモジュール WTtr をサブモジュールとし (80:)，遷移規則 wt を唯一の遷移規則とする遷移システムを定義する．wt の左辺は [Q:Aq r (Ar:Aid Sr:As) w Sw:As c Sc:As] であるので，それに含まれる変数を 82:-84: で宣言される未使用定数で置き換えた基底式は [q r (ar sr) w sw c sc] となる．81: でサブモジュールと宣言される DAQ-lm は，演算#dms の定義に現れる演算#daq に関する補題を宣言したモジュールである (5.10.1 参照)．86: の等式は，この基底式に述語 check-iinv を適用した基底式 check-wc1([q r (ar sr) w sw c sc],aa) を wc1check-wt と定義している．し

5.10 帰納到達条件の証明スコア

たがって，`wc1check-wt` が `true` に簡約されることを示せば帰納到達条件が証明される．

90:-97:が，仕様計算により，`wc1check-wt` が `true` であることを証明する．91:で'`wc1check-wt = true`'がゴールであることを宣言し，92:-96:で定義した4つの証明規則 `sc=em`, `aa@sw`, `ar=aa`, `aa!q` を使って，97:で`:apply`命令によりあらゆる可能性を網羅する証明木を生成し，すべてのゴールが成り立つことを確認する．4つの証明規則の定義（92:-96:）に現れる詳細化のための未使用定数 `ac1`, `sc1`, `sw1` は，87:-88:で宣言されている．生成されるゴールとそれらの証明の過程と結果は，97:の後で'`:show proof`'や'`:desc proof`'を実行することで確認できる．

91:の `wc1check-wt` の値は `cnr` の定義 49:-51:の右辺に現れる `_inw_`, `_inc_`, `#dms` などの演算の値で決まるので，`sc`, `sw`, `q` などを詳細化することで，`wc1check-wt` が `true` に簡約されることを示すことが基本戦略である．

93:の `aa@sw` は，`aa` が `sw` に含まれる場合を等式'`eq aa in sw = true .`'でなく'`eq sw = aa sw1 .`'で表している．このように `aa` が `sw` に含まれることを陽に表現した方が簡約を進める上で有利な場合がある．

遷移規則 `ty` や `ex` に対する `wc` 特性の帰納到達条件の証明スコアも 79:-97: と同様に作成できる．

練習問題 5.3 [到達帰納条件 `ty`]　遷移規則 `ty` に対する `wc` 特性の帰納到達条件の有効な証明スコアを作成せよ．□

練習問題 5.4 [到達帰納条件 `ex`]　遷移規則 `ex` に対する `wc` 特性の帰納到達条件の有効な証明スコアを作成せよ．□

5.10.1　補題モジュール `DAQ-lm`

5.10/81:の `inc(DAQ-lm)` を'`-- inc(DAQ-lm)`'のようにコメントアウトして 5.10/79:-97:のコードを実行すると，CafeOBJ システムは以下を出力する．

```
c01:   >> Next target goal is "1-1-2-1".
c02:   >> Remaining 1 goal.
```

c01:-c02:はゴール 1-1-2-1 が充足されないことを意味する．現時点での証明木を表示させる命令':show proof' を入力すると次を得る．

```
c03:    root
c04:    [sc=em] 1
c05:    [aa@sw] 1-1
c06:    [ar=aa] 1-1-1*
c07:    [ar=aa] 1-1-2
c08:    >[aa!q] 1-1-2-1
c09:    [aa!q] 1-1-2-2*
c10:    [aa@sw] 1-2*
c11:    [sc=em] 2*
```

命令':show goal' を入力して c08: の充足されない現ゴール 1-1-2-1 の文脈を表示させると以下を得る．実際の出力から必要な部分のみを示している．

```
c12:    :goal { ** 1-1-2-1 ----------------------------------------
c13:      -- context module: WC1check-wt
c14:      -- introduced axioms
c15:        eq [sc=em]: sc = empS .
c16:        eq [aa@sw]: sw = aa sw1 .
c17:        eq [ar=aa]: ar =a aa = false .
c18:        eq [aa!q]: aa in q->s q = true .
c19:      -- sentence to be proved
c20:        eq wc1check-wt = true .
c21:    }
```

c15:-c18: の等式が宣言された文脈で wc1check-wt (c20:) が true に簡約できないことがわかるので，命令':red wc1check-wt .' を入力して現ゴール 1-1-2-1 での wc1check-wt の簡約結果を表示させると，次の式が true に簡約できないのが原因であることがわかる．

```
    inv([ q r (ar sr) w (aa sw1) c empS ])
    xor
    true
    xor
    (((s (#daq(q,aa) + (# sr) + #daq(q,aa) + #daq(q,aa))) >
       (#daq((q | ar),aa) + (# sr) +
         #daq((q | ar),aa) + #daq((q | ar),aa))) and
    inv([ q r (ar sr) w (aa sw1) c empS ]))
```

#daq((q|ar),aa)が#daq(q,aa)に簡約できれば上の式はtrueに簡約できる．arとaaが異なりaaがqの要素であれば，#daq((q|ar),aa)は#daq(q,aa)に等しい．以下の22:-26:のように，モジュールDAQ-lmにはこの事実を補題として宣言した条件付き等式24:-25:が含まれる．この補題は別に証明スコアを作成することで証明される．

c15:-c18:の等式が宣言された文脈では補題24:-25:が適用可能であり，#daq((q|ar),aa)が#daq(q,aa)に簡約されるので，5.10/81:でinc(DAQ-lm)としてDAQ-lmの補題を利用可能とすることで証明が成功する．

```
22:  mod! DAQ-lm {
23:    pr(DMS)
24:    cq #daq((Q:Aq | A1:Aid),A2:Aid) = #daq(Q,A2)
25:       if not(A1 =a A2) and (A2 in (q->s Q)) .
26:  }
```

5.11 継続到達条件の証明スコア

継続到達条件（命題5.2/(2)）の証明スコアは，次の組込み検索述語 _=(1,1)=>+_ [11]を使って作成される．

　　pred _=(1,1)=>+_ : *Cosmos* *Cosmos* {prec: 51} .

モジュール M でソートStateが定義されており，s をソートStateの基底式，SS:StateをソートStateの変数とする．ブール式 's=(1,1)=>+ SS:State' を簡約すると，CafeOBJシステムは，モジュール M 内にあるtr宣言やctr宣言で定義された遷移規則により s から正確に1回の遷移で到達できる式を検索し，見付かればtrueを見付からなければfalseをその簡約結果とする．

継続到達条件（命題5.2/(2)）の $(\exists s' \in \text{State}((s,s') \in \text{TR}_T))$ を検索述語 _=(1,1)=>+_ を使って表現することで，継続到達条件は以下のモジュールCHECKwc2の述語check-wc2(06:-08:)として表現される．すなわち，「ソートStateの任意の式 s とソートAidの任意の式 a に対して，check-wc2(s,a) がtrueに簡約される」ことを示せば継続到達条件が証明される．

---

[11] 組込み検索述語 _=(_,_)=>+_ の2番目と3番目の引数に1を入れたものである．=>+の+が0回の遷移は対象としないことを意味し，正確に1回の遷移だけが検索される．

```
01:  mod CHECKwc2 {
02:    inc(RWL)
03:    pr(WCprp)
04:    pr(INV-lm)
05:    pred check-wc2 : State Aid .
06:    eq check-wc2(S:State,A:Aid) =
07:       (inv(S) and (A inw S) and not(A inc S)) implies
08:       (S =(1,1)=>+ SS:State) .
09:  }
```

組込み検索述語 _=(1,1)=>+_ を使うためにモジュール RWL (02:) が，状態述語 _inw_ と _inc_ を使うためにモジュール WCprp (03:) が，不変特性 inv を使うためにモジュール INV-lm (04:) が，それぞれサブモジュールとして宣言される．

以下のモジュール WC2check (10:) は，14:-16: で宣言された未使用定数 aa, q, sr, sw, sc を使い，命題 wc2check を 'eq wc2check = check-wc2([q r sr w sw c sc],aa) .' と定義する．ソート State の構成子は [_r_w_c_] だけであり，ソート State の式は必ず [q r sr w sw c sc] の形をしているので，命題 wc2check が遷移規則 wt, ty, ex を持つ QLOCK システムで true に簡約されることを証明すれば，継続到達条件が示される．モジュール WC2check はモジュール (WTtr + TYtr + EXtr) をサブモジュールとし遷移規則 wt, ty, ex を持つので，WC2check で wc2check が true に簡約されることを証明すれば，継続到達条件が示される．23:-29: が wc2check が true に簡約されることを仕様計算により証明する．

```
10:  mod WC2check {
11:    inc(CHECKwc2)
12:    pr(WTtr + TYtr + EXtr)
13:    pr(STATE-lm)
14:    op aa : -> Aid .
15:    op q : -> Aq .
16:    ops sr sw sc : -> As .
17:    op wc2check : -> Bool .
18:    eq wc2check = check-wc2([q r sr w sw c sc],aa) .
19:    ops a1 ar1 : -> Aid .
20:    op q1 : -> Aq .
21:    ops sr1 sw-a1 sc-a1 : -> As .
22:  }
```

5.11 継続到達条件の証明スコア

```
23:    select WC2check .
24:    :goal{eq wc2check = true .}
25:    :def sr=em = :csp{eq sr = empS . eq sr = (ar1 sr1) .}
26:    :def q=nil = :csp{eq q = nilQ . eq q = (a1 | q1) .}
27:    :def a1@sw = :csp{eq sw = a1 sw-a1 . eq (a1 in sw) = false .}
28:    :def a1@sc = :csp{eq sc = a1 sc-a1 . eq (a1 in sc) = false .}
29:    :apply(sr=em rd- q=nil rd- a1@sw rd- a1@sc rd-)
```

13:でサブモジュールと宣言される STATE-lm は，状態ソート State を定義するモジュール STATE に関係する補題を含んでいる．

29:の:apply 命令は，25:-28:で定義された証明規則を適用して可能性を網羅するゴールを生成し，それらのゴールがすべて充足され証明が成功したことを，'** All goals are successfully discharged.' と出力して示す．

5.11.1 補題モジュール STATE-lm

5.11/13:の inc(STATE-lm) を '-- inc(STATE-lm)' のようにコメントアウトして 5.11/10:-29:のコードを実行すると，CafeOBJ システムは以下を出力する．

```
c01:   >> Next target goal is "1-2-2-2".
c02:   >> Remaining 1 goal.
```

01:-02:はゴール 1-2-2-2 が充足されないことを意味する．現時点での証明木を表示させる命令':show proof'を入力すると次を得る．

```
c03:   root
c04:   [sr=em]  1
c05:   [q=nil]  1-1*
c06:   [q=nil]  1-2
c07:   [a1@sw]  1-2-1*
c08:   [a1@sw]  1-2-2
c09:   [a1@sc]  1-2-2-1*
c10:  >[a1@sc]  1-2-2-2
c11:   [sr=em]  2*
```

命令':show goal'を入力して c10:の充足されない現ゴール 1-2-2-2 の文脈を表示させると以下を得る．実際の出力から必要な部分のみを示している．

第 5 章 遷移システムの仕様と検証

```
c12:    :goal { ** 1-2-2-2 ----------------------------------------
c13:        -- context module: WC2check
c14:        -- introduced axioms
c15:          eq [sr=em]: sr = empS .
c16:          eq [q=nil]: q = a1 | q1 .
c17:          eq [a1@sw]: a1 in sw = false .
c18:          eq [a1@sc]: a1 in sc = false .
c19:        -- sentence to be proved
c20:          eq wc2check = true .
c21:    }
```

c15:-c18:の等式が宣言された文脈で wc2check (c20:) が true に簡約できないことがわかるので，命令':red wc2check .'を入力して現ゴール 1-2-2-2 での wc2check の簡約結果を表示させると，以下を得る．実際の表示を見やすく整形している．

```
 true
xor
 (inv([(a1 | q1) r empS w sw c sc]) and
  (aa in sw))
xor
 (inv([(a1 | q1) r empS w sw c sc]) and
  (aa in sw) and
  (aa in sc))
```

ソート State の式 [(a1 | q1) r empS w sw c sc] について，5.10/76:の不変特性（つまり状態述語）q=wc_は (a1 | q1)∈ Aq の要素が sw の要素でも sc の要素でもないときは false になる (5.10/12:-14:)．c17: と c18: から a1 は sw の要素でも sc の要素でもないので，'inv([(a1 | q1) r empS w sw c sc])' は false になるはずであるが，そうなっていない．その理由を':red (q=wc [(a1 | q1) r empS w sw c sc])'を入力してその簡約結果を表示させると，(((sw sc) =< (a1 (q->s q1))) and (a1 in (sw sc)) and((q->s q1) =< (sw sc))) となることでわかる通り，(q=wc [(a1 | q1) r empS w sw c sc]) が false とならないからである．その原因は (a1 in (sw sc)) を false に簡約できないからである．

5.11/13:のモジュール STATE-1m には以下のような補題が宣言されている．これらの補題は別に証明スコアを作成することで証明される．

5.11 継続到達条件の証明スコア

```
22:  mod! STATE-lm {
23:    pr(STATE)
24:    -- _in_
25:    cq (A:Aid in (S1:As S2:As)) = (A in S1) or (A in S2)
26:       if (not(S1 == empS) and not(S2 == empS)) .
27:    -- _=<_
28:    eq ((S1:As =< S2:As) and (S1 =< (A:Aid S2))) = (S1 =< S2) .
29:    cq (S1:As =< (A:Aid S2:As)) = S1 =< S2 if (not(A in S1)) .
30:  }
```

5.11/13: で inc(STATE-lm) としてモジュール STATE-lm の補題 25:-26: を利用可能とすることで, (a1 in (sw sc)) が false に簡約され証明が成功する. wc2check の簡約に関しては 28:-29: の補題は必要ない.

文 献 案 内

本書に関連する文献を簡単に紹介する．

CafeOBJ

CafeOBJ に関するチュートリアル，マニュアル，講義やセミナーの教材などは以下のウェブページから入手できる．

https://cafeobj.org

関連する論文発表は Personnel サブページの各人の Publication lists (DBLP) から検索できる．

代数仕様と項書換えシステム

CafeOBJ は実行可能な代数仕様言語（algebraic specification language）として設計実装され，証明スコアの記述能力を高めつつ，仕様検証システム（望みの性質が仕様から推論できることを検証するシステム）として発展してきた．[DF98] は CafeOBJ の代数仕様言語としての設計方針，特徴を記述している．[ST11] は代数仕様の包括的な解説書として定評がある．

[DF98] Diaconescu R., Futatsugi, K.: CafeOBJ Report, World Scientific, 1998.

[ST11] Sannella D., Tarlecki A.: Foundations of Algebraic Specification and Formal Software Development. Springer, 2012.

CafeOBJ の簡約は項書換えシステム（TRS: Term Rewriting System）で実現されており，TRS は CafeOBJ の重要な基礎理論であるが，本書ではそれについてほとんど説明していない．[T03] が TRS について定評のある解説書である．CafeOBJ が採用している順序ソート条件付き書換え規則（order-sorted conditional rewriting rule）については停止性，合流性，十分完全性などを判定するための理論はいまだ十分に整備されていない．

[T03] Terese: Term Rewriting Systems. Cambridge Tracts in Theoretical Computer Science, vol. 55. Cambridge University Press, 2003.

定理証明と検証技術

定理証明（仕様検証）をハイレベルの等式プログラミングとして捉えた本書のアプローチを取る類書は少ないが，[FE15] は定理証明を LISP の S 式（symbolic expresssion)の書換えとして捉え,ACL2 (A Computational Logic for Applicative Common Lisp)の定理証明の基本を対話学習のスタイルで記述したユニークな入門書である.

[FE15] Friedman D. P., Eastlund C.: The Little Prover, MIT Press, 2015.

定理証明(Automated Theorem Proving, Automated Reasoning)に関する書籍は多数存在するが,[H09]は定理証明に関係する基礎概念とアルゴリズムをプログラムコードを用いて具体的に説明してユニークであり,最低限の予備知識を仮定し,数理論理学の基礎から実際の定理証明システムまでを包括的に解説した好著である.

[H09] Harrison J.: Handbook of Practical Logic and Automated Reasoning. Cambridge University Press, 2009.

定理証明と対をなす検証技法であるモデル検査(Model Checking)は,有限状態の遷移システムの検証を自動的に行い得るという際立った特徴があり,応用領域における重要性は大きい.[BK08]はモデル検査の基礎概念から確率システムへの適用まで広範な範囲を扱っており,モデル検査を通してシステム検証の基礎から応用までを包括的に学習するのに役立つ.

[BK08] Baier C., Katoen J.-P.: Principles of Model Checking. MIT Press, 2008.

並行分散システムのモデル化と検証法にはいくつかの方法とスタイルがある.本書の検証法(特に5.9「遷移システムの到達特性」の検証条件)は,[CM88]のUNITY Logicに基づいている.[CM88]は古い本であるが,現在でも,並行分散システムの検証に関する多くの重要な概念と技法を提供する.

[CM88] Chandy, K. M. and Misra, J.: Parallel Program Design: A Foundation. Addison Wesley, 1988.

形式手法

形式仕様言語(formal specification languages)や検証技術などを含む形式手法(formal methods)については以下が包括的なポータルサイトである.すでに有効でないURLも含まれるが形式手法関連のウェブページへの入り口として役立つ.

http://formalmethods.wikia.com/wiki/Formal_methods

あとがき

　代数仕様や等式プログラミングに関する邦文の成書が存在しない（著者の知る限り）状況で，それらを用いたモデルの記述と検証を解説した本書はユニークであり冒険である．しかし，代数仕様はオブジェクト指向モデルと，等式プログラミングは関数プログラミングと，それぞれ通底しており，使われている多くの手法は特殊なものではない．

　代数仕様と等式プログラミングを用いる利点は，等式推論を等式による簡約で実現することで，検証を高い透明度で実行できることである．代数仕様の特徴である強力なモジュール化機能も証明スコアのモジュール化に重要な役割を演ずる．仕様検証は期待される性質が仕様から導かれることを示すことであり，公理（仕様）から定理（期待される性質）が推論できることを示す定理証明である．

　「すべてのモデルは間違っており，そのいくつかが役に立つだけである．」(All models are wrong, some are useful.) という格言が示すとおり，仕様検証（モデルの記述と検証）は挑戦的なテーマである．適切な抽象度で公理を実行可能な等式（簡約規則）と遷移規則として記述すれば，等式プログラミングにより仕様検証が行えることを本書で学んでいただければ，著者望外の喜びである．

　本書で仕様と証明スコアを記述・実行するのに用いた CafeOBJ 言語システムは，1990年代後半から今日まで，著者が主宰したいくつかの研究プロジェクトにより研究開発されてきたものである．著者の研究室で CafeOBJ を題材に論文を仕上げた学生をはじめ，内外の多くの研究者が CafeOBJ の研究開発に貢献した．本書はこうした人々の研究開発成果の一部を，「代数仕様と等式プログラミングによるモデルの記述と検証への入門書」として取りまとめたものである．CafeOBJ によるモデルの記述と検証にはいくつかのスタイルや方法があり，本書で紹介したものは最新の研究成果に基づく著者のスタイルと方法である．

　本書の出版は多くの方々の支援により可能となった．

　東北大学（当時）の丸岡章先生は本書の執筆を勧めていただいた．

　以下の諸氏からは本書の原稿に対してコメントをいただいた．緒方和博先生，廣川直先生（JAIST（北陸先端大）），PREINING, Norbert 先生（JAIST，アクセ

あとがき

リア），中村正樹先生（富山県立大学），澤田寿美氏（考作舎），吉田裕之氏（富士通），飯田千代先生（専修大学），外山芳人先生（東北大学）．いただいたコメントには著者の理解不足や思い違いを指摘するものも多く，本書の質を高めるのに大いに役立った．

サイエンス社の田島伸彦氏と足立豊氏は，著者の勝手な事情により遅れた原稿を辛抱強く待っていただき，式とコードが混在し参照の多い原稿を丁寧に成書に仕上げていただいた．

索　引

数学記号

$(\exists e_1, e_2, \ldots, e_n \in S \ (St))$　　28
$(\forall e_1, e_2, \ldots, e_n \in S \ (St))$　　34
$(\Xi_1 \overline{e_1} \in S_1, \Xi_2 \overline{e_2} \in S_2 \ (St))$　　64
$\overline{Sort}$　　45
$\overline{e}_M^{\text{red}}$　　30
$\{e_1, e_2, \ldots, e_n | Cd\}$　　80
$\{e_1, e_2, \ldots, e_n\}$　　7
$e =_{ac} e'$　　27
$e[e_{sub} \to e_r]$　　27
$e_1, \ldots, e_k \in S$　　7
$e \in S$　　7
$e \stackrel{1}{\Rightarrow}_M e'$　　27
$e \stackrel{+}{\Rightarrow}_M e'$　　27
$e \stackrel{\text{rd}}{\Rightarrow}_M \widehat{e}$　　28
$e \stackrel{*}{\Rightarrow}_M e'$　　27
$e =_M e'$　　30, 49
$St_1 \stackrel{\text{def}}{=} St_2$　　28
$S_1 \cap S_2$　　9
$S_1 \cup S_2$　　80

CafeOBJ 記号

Aid　　143
AID-QU　　143
AID-SET　　143
AID=a　　143
Aq　　143
As　　143
assoc　　35, 65, 104, 115
attributes　　85
axioms　　34, 85

BASE-BOOL　　34, 35
BOOL　　20, 33–36, 42
Bool　　35

CafeOBJ>　　4
ceq, cq　　24, 50, 116
CHECKcnr　　158
CHECKwc2　　178
check-cnr　　158
check-iinv_　　160
check-wc1　　172
check-wc2　　178
close　　12
cnr　　158, 172
CNRiinv-mx　　160
CNRwc1　　172
cnr-iinv　　160
comm　　35, 47, 65, 85, 115
constr　　44, 81, 83, 104, 115
ctrans, ctr　　145

DMS　　172

Elt　　80
empS　　143
empty　　115–117
eq　　4, 5, 12
EQL　　35
EVEN　　72
even　　72
extending, ex　　31, 61, 145
EXtr　　145

fact1　　70
FACT　　70
fact2　　70

索　引

false　20, 35, 36
hd_　143
HQ=Cprp　154, 172
hq=c_　154, 170
idr: nil　106
idr: 0　10
idr: 1　10
id: empty　115
id: nil　104, 106
if_then_else_fi　24
iinv　160
IINVcheck-mx　160
IINVcheck-mx-ty　161
iinvCheck-ty　161
imports　34
including, inc　31, 62
initCheck　155
INITcheck-mx　155
INITprp　153
init_　153
input, in　14
inv　172, 178
INV-lm　172, 178
iStep　121–123

LIST　80, 91, 92
List　80, 131
LIST@　96
LIST@a　98
LISTofPNAT　92, 93
ListOfPnat　91, 92
LISTofPNATnz　92
LISTrev　99, 131
LISTrev2　101
LIST(PNAT)　82
LIST=　85

module, mod　31, 46
module*, mod*　46
module!, mod!　44, 46
MSET　115
MSet　115
MXprp　149, 172
mx_　149, 170

NAT　2
Nat　44, 45, 81, 83, 131
nil　80, 104–106
nilQ　143
not_　20, 35, 36
NzNat　3, 83

op　9, 12
open　11

PAIR　94, 95
PAIRofPAIRofPAIRofNAT　95
PNAT　44, 72, 81, 92
PNATe　86, 87
PNATnz　83, 91
PNATnzee　87
PNAT*ac　70, 72, 172, 173
PNAT*ac>　172, 173
PNAT+　52, 131
PNAT+ac　65, 72
PNAT=　46, 72
prec:　24, 35, 85
pred, pd　50, 62
principal-sort　34, 35, 83
protecting, pr　9, 31, 47
PXBE(k)　38

qvr_　171
Q->S　171, 173
q->s_　171, 173
q=wc_　171

索　引

rank　85
rd-　126, 130, 131, 133, 135, 137
reduce, red　2
red in $M:e$.　30
rev　99, 131
rev1　108, 110, 111
rev2　101, 111, 112
RWL　178
r-assoc　35, 52
r^c_　171
r^w_　171

select　2
SEQ　104
Seq　104
SEQrev1　108, 109, 111
SEQrev2　111, 112
SEQr1d　109
SEQr1d-base　109
SEQr1d-step　109
SEQ=s　112, 114
SET　116, 139
Set　116
SETin　118
set trace off　57
set trace on　57
set trace whole off　16
set trace whole on　16, 55
SET=s　138, 139
SET=s^　140
SET^　119, 120
SET^in-iStep　121, 126, 130
SET^-in^-goal　133
SET^-in^-iBase　133
SET^-in^-iStep　121
SET^-in^-iStep-m　133
SET^-s^es-goal　137

SET^-s^es-iBase　137
SET^-s^es-iStep　137
SET^-^as-goal　135
SET^-^as-iBase　135
SET^-^as-iStep　135
show　9
si　131
signature　35
STATE　143, 171, 173
State　143
STATE-lm　181
strat:　24, 35
SWPtr　150, 151
sys:mod!　34
s_　44, 81, 83

tc　131
trace whole　99
trans, tr　145
TRIV　80
TRIV=　85
TRIV=e　112, 118
TRIV=toPNATnzee　88
true　20, 35, 36
TRUTH　35
ty　145
TYtr　145

view　88

WCinvs　171, 172
WCprp　169, 172, 178
WC1check　172
WC1check-wt　174
WC2check　179
wc2check　179
wPayWap　24, 26
WPsum　31

wpSumWap   26
wt   145
WTAtr   150
WTtr   145
WwHoursList   18
w^c_   171

XBE(k)   38

[$Sorts$]   18
[_r_w_c_]   143

!   44

18
#c_   172
#daq   172
#dms   172
#_   172

%NAT>   11

Cosmos   24, 50, 85
**   19
**>   19
--   2, 19
-->   19

:apply   126, 130, 131, 133, 135, 137, 174, 179
:csp   126, 129, 130, 133, 135, 137, 174, 179
:def   126, 130, 133, 135, 137, 174, 179
:desc   128
:desc proof   130, 131, 162, 175
:goal   126, 129–131, 133, 135, 137, 174, 179
:ind on   131
:nonexec   50, 112

:red   126, 135, 176, 180
:show   128
:show def   133
:show goal   128, 129, 176, 179
:show proof   128–131, 133, 137, 156, 162, 175, 176, 179

and-also   35, 36
and   20, 35, 36
_@_   96, 98, 131
iff   20, 35, 36
implies   20, 35, 36
inc   169, 172, 178
inw   169, 172, 178
_in_   118
or-else   35, 36
_or_   20, 35, 36
xor   20, 35, 36
_|_   80, 143
_$_   91
_*_   5, 7, 66
_+_   2, 5, 7, 52, 65, 131
_:=_   106, 116, 117
_=aq_   143
_=as_   143
_=a_   143
_=e_   112, 114, 118, 119, 143
_=s_   112, 114, 118, 138, 139, 143
_=(*,1)=>+_if_suchThat_{_}   156
_=(_,_)=>*_   146
_=(_,_)=>*_suchThat_   146
_=(1,1)=>+_   177, 178
_=<_   138
_==_   51, 87, 109, 110, 116, 118, 119, 139
_=_   20, 33, 42, 46, 47, 51, 85, 87, 105, 106, 115–117, 139

_>_   24, 173
_^_   119, 140
__   18, 104–106, 115–117
0   44, 81, 83
2LISTofPNATa   93

英文

actual module（具体モジュール）   81
agent（実行主体, エージェント）   142
algebra（代数）   45
ambiguous（曖昧）   92
append（連接）   96
arity（アリティ）   7
association（結合）   9
associative law（結合則）   10, 44, 63, 70, 104, 114, 119, 134
attribute（属性）   10
attribute list（属性リスト）   9
axiom（公理）   35
axiom part（公理部）   35

bag（バッグ）   114
basic leads-to property（基本到達特性）   167
bind（バインド）   15
Boolean algebra（ブール代数）   20, 33
Boolean function（ブール関数）   40
built-in module（組込みモジュール）   2, 80

CafeOBJ code（CafeOBJ コード）   14
CafeOBJ file（CafeOBJ ファイル）   14
CafeOBJ keyword（CafeOBJ キーワード）   3
CafeOBJ prompt（CafeOBJ プロンプト）   4
CafeOBJ session（CafeOBJ セッション）   4
CafeOBJ system（CafeOBJ システム）   1
casesplit（場合分け）   124
code（コード）   14
command（命令）   3, 32
comment（コメント）   3, 19
commutative law（可換則）   10, 44, 65, 114, 119
conditional equation（条件付き等式）   24
conditional transition rule（条件付き遷移規則）   146
confluence property（合流性）   29, 39, 72
conjunction（論理積）   153
constant（定数）   6
constrained sort（制約ソート）   45
constructor（構成子）   18, 35, 44, 46, 52
constructor based casesplit（構成子に基づく場合分け）   155
constructor model（構成子モデル）   46, 110, 121, 155
continuous leads-to condition（継続到達条件）   168
correct proof score（正しい証明スコア）   56
counter example（反例）   150
co-arity（コアリティ）   7
critical pair（危険対）   39, 73
current goal（現ゴール）   127
current module（現モジュール）   2, 127
current state（現状態）   145, 152,

索　引

data structure（データ構造）　18
declaration（宣言）　32
delimiter（区切り文字）　18
denote（意味する）　45
distributive law（分配則）　37, 69
effective proof score（有効な証明スコア）　56
effective proof tree（有効な証明木）　125
element（要素，元）　7
elementary proposition（基礎命題）　122, 164
empty sequence（空列）　7
equation（等式）　4
equational programming（等式プログラミング）　1
equivalence（等価性）　20, 46
equivalence predicate（等価述語）　20, 46
exclusive or（排他的論理和）　36
executable proof tree（実行可能な証明木）　125
expression（式）　2, 6
extension（拡張子）　14
ex mode（ex モード）　61
factorial（階乗）　70
file（ファイル）　14
fresh constant（未使用定数）　21, 51, 54, 61, 163
fresh proof constant（未使用証明定数）　54
functionally equivalent（関数等価）　40, 41
generic data structure（汎用データ構造）　79, 103
goal（ゴール）　124
ground expression（基底式）　15
idempotency law（冪等則）　119
identical（同等）　27, 37, 40
identifier（識別名）　94
identity element（単位元）　10, 105, 115
import（輸入）　31, 34, 47
inc mode（inc モード）　62
induction（帰納法）　53, 55
induction base（帰納ベース）　53, 55, 56, 64, 120
induction hypothesis（帰納仮定）　54, 56
induction step（帰納ステップ）　53, 55, 56, 64, 120
inductive（帰納的）　7
inductive definition（帰納的定義）　43
inductive invariant（帰納不変特性）　152
inductive invariant condition（帰納不変条件）　152
inductive leads-to condition（帰納到達条件）　168
initial state（初期状態）　147
initial state condition（初期状態条件）　152
initial state predicate（初期状態述語）　152
instantiate（具体化）　15, 17, 81
instantiated equation（具体化した等式）　17, 26, 27, 59
intersection（積集合）　9, 118
invariant（不変特性）　152
leads-to property（到達特性）　166

leaf（葉） 125
left association（左結合） 10
lemma（補題） 111
list（リスト） 79
loose model（ゆるいモデル） 46

match（マッチ） 28
match predicate（マッチ述語） 106, 116
member predicate（メンバー述語） 118
module（モジュール） 2
module expression（モジュール式） 81, 91
module sum（モジュール和） 91
multiplication（乗算） 66
multiset（多重集合） 114
mutual exclusion protocol（相互排除プロトコル） 142

next state（次状態） 145, 152, 157, 158
no confusion（混同の排除） 46
no junk（ゴミの排除） 46

open（オープン） 11
operator（演算） 1
operator attribute（演算属性） 44
operator definition（演算の定義） 14
operator symbol（演算記号） 2, 15
outermost operator（最外演算） 6
overlap（重なり） 73

pair（ペア） 22, 94
parallel distributed system（並行分散システム） 142
parameterized module（パラメータ化モジュール） 79, 103
parameter module（パラメータモジュール） 80, 81
parenthesis（丸括弧） 5, 6, 9–12
parse（構文解析） 5, 11
Peano natural number（ペアノ自然数） 43, 44
Peano, Giuseppe 44
precedence（優先順位） 5, 9
predicate（述語） 20, 50
principal sort（主ソート） 34, 84
prompt（プロンプト） 4
proof rule（証明規則） 124, 163
proof score（証明スコア） 21, 43, 46, 50, 55, 164
proof tree（証明木） 125
proposition（命題） 120
propositional logic（命題論理） 33
protocol（プロトコル） 142
pr mode（pr モード） 9, 35, 47

QLOCK 142
queue（待ち行列） 142

rank（ランク） 6
reachable state（到達可能状態） 147
recursive（再帰的） 6
reduce（簡約） 3
reduced form（簡約形） 5, 26, 28
reducible（簡約可能） 73
reduction goal（簡約ゴール） 124
reduction result（簡約結果） 30
reduction sequence（簡約列） 28
`red` value（`red` 値） 30
refine（詳細化） 162, 163, 175
rename（名前換え） 91
rename expression（名前換え表現） 91
reverse（反転） 99
rewrite rule（書換え規則） 5

rewrite sequence（書換え列） 27
rewrite strategy（書換え戦略） 24, 29, 37
right association（右結合） 5, 10
root（根） 125

satisfiable（充足可能） 41
search predicate（検索述語） 146
select（選択） 2
sequence（列） 103, 104
session（セッション） 4
set（集合） 6, 103
signature（シグネチャ） 35
simulation（シミュレーション） 146
sort（ソート） 3, 6
sort symbol（ソート記号） 15
specification calculus（仕様計算） 103, 126, 164
subset（部分集合） 6
substitution（置換） 57, 59
sub-expression（部分式） 26
sub-module（サブモジュール） 10, 35
sub-sort（サブソート） 6
successor operator（後者演算） 45
sufficiently complete（十分完全） 52, 66, 72, 96, 99, 108, 112, 113, 118, 119, 138, 173
switch（スイッチ） 16
symbolic test（記号テスト） 21

term（項） 2
termination property（停止性） 29, 39, 72
term algebra（項代数） 46
theorem proving（定理証明） 43
tight model（きついモデル） 46
trace（トレース） 16, 55, 57, 60, 63, 68, 69, 71
transition rule（遷移規則） 144
transition sequence（遷移列） 166
transition system（遷移システム） 141
type（型） 3

underscore（下線文字） 2
union（和集合） 80, 118
user defined module（ユーザ定義モジュール） 80

valid（恒真） 41
value sort（値ソート） 7
variable（変数） 15
verification condition（検証条件） 152, 168
view expression（ビュー表現） 81
view inference（ビュー推論） 88

wc property（wc 特性） 169
whole trace（全体トレース） 16

xor-and normal form（xor-and 標準形） 37, 38, 41, 165

1 step reduction（1 回の簡約） 28
1 step rewrite（1 回の書換え） 27

あ 行

曖昧（ambiguous） 92
値ソート（value sort） 7
アリティ（arity） 7

意味する（denote） 45

エージェント（agent） 142
演算（operator） 1
演算記号（operator symbol） 2, 15
演算属性（operator attribute） 44
演算の定義（operator definition） 14

オープン（open）　11

か行

階乗（factorial）　70
可換則（commutative law）　10, 44, 65, 114, 119
書換え規則（rewrite rule）　5
書換え戦略（rewrite strategy）　24, 29, 37
書換え列（rewrite sequence）　27
拡張子（extension）　14
重なり（overlap）　73
下線文字（underscore）　2
型（type）　3
関数等価（functionally equivalent）　40, 41
簡約（reduce）　3
簡約可能（reducible）　73
簡約形（reduced form）　5, 26, 28
簡約結果（reduction result）　30
簡約ゴール（reduction goal）　124
簡約列（reduction sequence）　28

危険対（critical pair）　39, 73
記号テスト（symbolic test）　21
基礎命題（elementary proposition）　122, 164
きついモデル（tight model）　46
基底式（ground expression）　15
帰納仮定（induction hypothesis）　54, 56
帰納ステップ（induction step）　53, 55, 56, 64, 120
帰納的（inductive）　7
帰納的定義（inductive definition）　43
帰納到達条件（inductive leads-to condition）　168

帰納不変条件（inductive invariant condition）　152
帰納不変特性（inductive invariant）　152
帰納ベース（induction base）　53, 55, 56, 64, 120
帰納法（induction）　53, 55
基本到達特性（basic leads-to property）　167

空列（empty sequence）　7
区切り文字（delimiter）　18
具体化（instantiate）　15, 17, 81
具体化した等式（instantiated equation）　17, 26, 27, 59
具体モジュール（actual module）　81
組込みモジュール（built-in module）　2, 80

継続到達条件（continuous leads-to condition）　168
結合（association）　9
結合則（associative law）　10, 44, 63, 70, 104, 114, 119, 134
元（element）　7
現ゴール（current goal）　127
検索述語（search predicate）　146
検証条件（verification condition）　152, 168
現状態（current state）　145, 152, 157, 158
現モジュール（current module）　2, 127

コアリティ（co-arity）　7
項（term）　2
後者演算（successor operator）　45
恒真（valid）　41

索　引

構成子（constructor）　18, 35, 44, 46, 52
構成子に基づく場合分け（constructor based casesplit）　155
構成子モデル（constructor model）　46, 110, 121, 155
項代数（term algebra）　46
構文解析（parse）　5, 11
公理（axiom）　35
公理部（axiom part）　35
合流性（confluence property）　29, 39, 72
コード（code）　14
ゴール（goal）　124
ゴミの排除（no junk）　46
コメント（comment）　3, 19
混同の排除（no confusion）　46

さ　行

最外演算（outermost operator）　6
再帰的（recursive）　6
サブソート（sub-sort）　6
サブモジュール（sub-module）　10, 35
式（expression）　2, 6
識別名（identifier）　94
シグネチャ（signature）　35
次状態（next state）　145, 152, 157, 158
実行可能な証明木（executable proof tree）　125
実行主体（agent）　142
シミュレーション（simulation）　146
集合（set）　6, 103
充足可能（satisfiable）　41
十分完全（sufficiently complete）

52, 66, 72, 96, 99, 108, 112, 113, 118, 119, 138, 173
主ソート（principal sort）　34, 84
述語（predicate）　20, 50
仕様計算（specification calculus）　103, 126, 164
条件付き遷移規則（conditional transition rule）　146
条件付き等式（conditional equation）　24
詳細化（refine）　162, 163, 175
乗算（multiplication）　66
証明木（proof tree）　125
証明規則（proof rule）　124, 163
証明スコア（proof score）　21, 43, 46, 50, 55, 164
初期状態（initial state）　147
初期状態述語（initial state predicate）　152
初期状態条件（initial state condition）　152
スイッチ（switch）　16
制約ソート（constrained sort）　45
積集合（intersection）　9, 118
セッション（session）　4
遷移規則（transition rule）　144
遷移システム（transition system）　141
遷移列（transition sequence）　166
宣言（declaration）　32
全体トレース（whole trace）　16
選択（select）　2
相互排除プロトコル（mutual exclusion protocol）　142
ソート（sort）　3, 6
ソート記号（sort symbol）　15

属性（attribute）　10
属性リスト（attribute list）　9

た　行

代数（algebra）　45
多重集合（multiset）　114
正しい証明スコア（correct proof score）　56
単位元（identity element）　10, 105, 115
置換（substitution）　57, 59
停止性（termination property）　29, 39, 72
定数（constant）　6
定理証明（theorem proving）　43
データ構造（data structure）　18
等価述語（equivalence predicate）　20, 46
等価性（equivalence）　20, 46
等式（equation）　4
等式プログラミング（equational programming）　1
到達可能状態（reachable state）　147
到達特性（leads-to property）　166
同等（identical）　27, 37, 40
トレース（trace）　16, 55, 57, 60, 63, 68, 69, 71

な　行

名前換え（rename）　91
名前換え表現（rename expression）　91
根（root）　125

は　行

葉（leaf）　125
場合分け（casesplit）　124
排他的論理和（exclusive or）　36
バインド（bind）　15
バッグ（bag）　114
パラメータ化モジュール（parameterized module）　79, 103
パラメータモジュール（parameter module）　80, 81
反転（reverse）　99
汎用データ構造（generic data structure）　79, 103
反例（counter example）　150
左結合（left association）　10
ビュー推論（view inference）　88
ビュー表現（view expression）　81
ファイル（file）　14
ブール関数（Boolean function）　40
ブール代数（Boolean algebra）　20, 33
部分式（sub-expression）　26
部分集合（subset）　6
不変特性（invariant）　152
プロトコル（protocol）　142
プロンプト（prompt）　4
分配則（distributive law）　37, 69
ペア（pair）　22, 94
ペアノ自然数（Peano natural number）　43, 44
並行分散システム（parallel distributed system）　142
冪等則（idempotency law）　119
変数（variable）　15

補題（lemma） 111

ま 行

待ち行列（queue） 142
マッチ（match） 28
マッチ述語（match predicate） 106, 116
丸括弧（parenthesis） 5, 6, 9–12
右結合（right association） 5, 10
未使用証明定数（fresh proof constant） 54
未使用定数（fresh constant） 21, 51, 54, 61, 163
命題（proposition） 120
命題論理（propositional logic） 33
命令（command） 3, 32
メンバー述語（member predicate） 118
モジュール（module） 2
モジュール式（module expression） 81, 91
モジュール和（module sum） 91

や 行

有効な証明木（effective proof tree） 125
有効な証明スコア（effective proof score） 56
ユーザ定義モジュール（user defined module） 80
優先順位（precedence） 5, 9
輸入（import） 31, 34, 47
ゆるいモデル（loose model） 46
要素（element） 7

ら 行

ランク（rank） 6
リスト（list） 79
列（sequence） 103, 104
連接（append） 96
論理積（conjunction） 153

わ 行

和集合（union） 80, 118

欧 字

CafeOBJ キーワード（CafeOBJ keyword） 3
CafeOBJ コード（CafeOBJ code） 14
CafeOBJ システム（CafeOBJ system） 1
CafeOBJ セッション（CafeOBJ session） 4
CafeOBJ ファイル（CafeOBJ file） 14
CafeOBJ プロンプト（CafeOBJ prompt） 4
ex モード（ex mode） 61
inc モード（inc mode） 62
pr モード（pr mode） 9, 35, 47
`red` 値（`red` value） 30
`wc` 特性（`wc` property） 169
xor-and 標準形（xor-and normal form） 37, 38, 41, 165
1 回の書換え（1 step rewrite） 27
1 回の簡約（1 step reduction） 28

著者略歴

二木 厚吉
（ふたつぎ　こう　きち）

1970 年　東北大学工学部卒業
1975 年　東北大学大学院工学研究科博士課程修了（工学博士）
1975 年　電子技術総合研究所研究員
1993 年　北陸先端科学技術大学院大学教授
現　在　産業技術総合研究所客員研究員
　　　　国立情報学研究所特任教授
　　　　北陸先端科学技術大学院大学名誉教授

主要著訳書

関数型プログラミング（Functional Programming, Peter Henderson 著），共訳，日本コンピュータ協会
CafeOBJ Report: The Language, Proof Techniques, and Methodologies for Object-Oriented Algebraic Specification，共著，World Scientific

---

ライブラリ情報学コア・テキスト＝13
モデルの記述と検証のための プログラミング入門
―CafeOBJ による仕様検証―

2017 年 9 月 25 日 Ⓒ　　　　　　初　版　発　行

著　者　二木厚吉　　　発行者　森平敏孝
　　　　　　　　　　　印刷者　小宮山恒敏

発行所　　株式会社　サ　イ　エ　ン　ス　社

〒151-0051 東京都渋谷区千駄ヶ谷1丁目3番25号
営業 ☎ (03)5474-8500(代)　振替 00170-7-2387
編集 ☎ (03)5474-8600(代)　FAX ☎ (03)5474-8900

印刷・製本　小宮山印刷工業（株）
《検印省略》

本書の内容を無断で複写複製することは，著作者および
出版社の権利を侵害することがありますので，その場合
にはあらかじめ小社あて許諾をお求め下さい．

ISBN 978-4-7819-1407-7
PRINTED IN JAPAN

サイエンス社のホームページのご案内
http://www.saiensu.co.jp
ご意見・ご要望は
rikei@saiensu.co.jp　まで．